U0004566

就這樣變成30歲好嗎？

鳥居志帆◎圖文　李靜宜◎譯

那是我28歲生日的事
呵呵

生日快樂！
責任編輯 松永
來，這是禮物。
謝謝妳！

是什麼咧？
打～開♪
忙亂
拆

呃…
妖怪T恤
妖怪拉麵

哇——！
打—中
好可愛啊!!
KEUKEGEN

不愧是松永小姐，這麼了解我喜歡的東西。
啊—太感謝妳了!!
握手握手!!
嗯。
因為我們認識很久了啊。
不過，還在收集妖怪商品，是怎樣啊！

收起來!!
不過…

我們第一次見面
是六年前吧。
對啊！
已經
那麼久了…
初次見面
妳好，我是鳥居
請多指教—
初次見面

鳥居小姐
也28歲了。
嗯？

那時候
我剛當上插畫家…
當初可說是
初出茅廬的小毛頭
現在總算有點
成長了
我也是從
菜鳥編輯
一直努力
到現在。

啊…
感覺
好懷念啊—

說起來…
我們都
老了幾歲…
變得
世故了…
…是啊。
對世事
也更了解了。
唉，就是
這麼回事～
畢竟都過
六年了嘛
沒辦法—
是啊
沒辦法
畢竟都六年了

但實際上還是什麼都不懂吧。
所作所為明明和六年前沒什麼不同，只有精神層面覺得自己老了。

的確是…
實際上，我們都沒變。
是……

……

這樣沒問題嗎…？
？

我說，這樣下去很糟啊！精神層面明明是大人了，做的事卻和過去沒有不同，一想到這點就讓人痛苦!!
妳怎麼突然這樣!?
顫抖！

28歲…
我覺得是個很好的分水嶺。

不是有從28歲開始用的專用化妝品嗎？
28歲開始
給予肌膚彈力潤澤
而且，閱讀的雜誌也開始不一樣了吧？
輕熟女可愛的一週打扮
還有，我聽說很多人第一次升職也是在28歲喔！
升級！
咦？

的確，在接近30歲這個重要階段會讓人覺得「非得成為一個成熟的大人不可了」。
30
29
28

我雖然已經30幾歲了，卻沒什麼常識…
我之前參加婚禮也做了丟臉的事。
這個那個…
咦!?
慌慌
張張
妳在做什麼
朋友
慌慌張張不知道在幹麼

還有錢的事，
雖然沒有欠人家錢，也沒有很誇張地敗家，但就是很茫然不安…
對將來感到茫然不安
妳是人妻耶!?

健康和美容方面也是。身體明明開始衰老，但保養方法還是一樣，不行啊…
水分
咻
皮膚乾燥…
臀部下垂
啊，然後……
噹

對打扮也會感到不安吧？
如果有人說我裝年輕怎麼辦？
討厭——我沒自信～
鳥居小姐在擔心裝年輕之前…算了…
給她衣服的我不能說什麼
還有還有…
啊，我對這個也感到不安…
我們兩人討論起要成為符合年齡的女性需要做些什麼事結果…
要成為出色的成熟女性就必須要
①了解金錢!!
②穿著打扮適合自己!!
③一直保持美麗!!（皮膚、頭髮、維持身材）
④維持身體健康!!（骨盆、婦女病、中醫、牙齒）
⑤應對進退恰到好處!!
…
帳本

我覺得
一定有很多人
和我們一樣
雖然即將30歲
但因為自己
「和過去一樣
完全沒變」
而感到不安
還是來了啊…不過還沒準備好…徒手應戰吧…!!
喝—
哇—哈哈哈
30

不過，
我們覺得一定也有很多人
「不知道自己
欠缺什麼
該怎麼做才好」
?

因此，這本書會針對
前頁五個項目訪問專家
徹底問出「有用的資訊」和
「實踐方法」

也會一併介紹
我和松永編輯的
失敗經驗
希望成為一本
讓讀者愉快學習的書
呼呼
真是害羞啊
嘿嘿

我已經
過了30歲…
現在太晚了吧?
這樣想的妳

沒關係!!
啪
因為33歲的我
也沒問題。
耶~

今天絕對是
妳今後人生中最年輕的一天。
所以……
這樣下去不行……!!
有所意識，
從現在開始做起
就是最快的!!

試著寫出本書的我認為女性
會變成普通歐巴桑或
出色的成熟女性
左
意識
意識
分歧點只在於
意識上些微的差別
出色成熟女性路線往這邊
普通歐巴桑路線往這邊

「不想變老!?」
不!
如果可以的話，想一直像現在這樣
但做不到的話就只能努力
重要的是
要改變意識
想著
「該怎麼樣美麗地變老」

如果妳對年紀漸長這件事
也感到擔心不安
要不要透過本書
和我們一起學習呢?
怎麼樣?
一起吧

如果能了解正確知識
在每一天的生活中實踐
妳的不安和擔心
一定能減少
為了不成為「普通的歐巴桑」，
一起加油吧——
來吧!
想做就做得到
今天開始努力
嚴格

登場人物介紹

鳥居志帆

本書主角，28歲的插畫家。在28歲生日時，下定決心成為「出色的成熟女性」。基本上整天關在家，一星期足不出戶很平常（最長是12天）。喜歡成龍和妖怪，工作桌周圍都是相關物品。

松永

本書責任編輯，33歲的職業婦女和媽媽。虐待狂似的言行讓作者很困擾，但她卻說「這都是因為愛……」。她具有即使有討厭的事也能馬上忘記的特技般功能，但同時也有重要事情也會忘記的煩惱。

交通費 54
書籍費 1

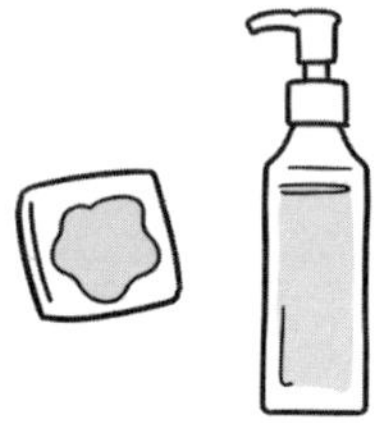

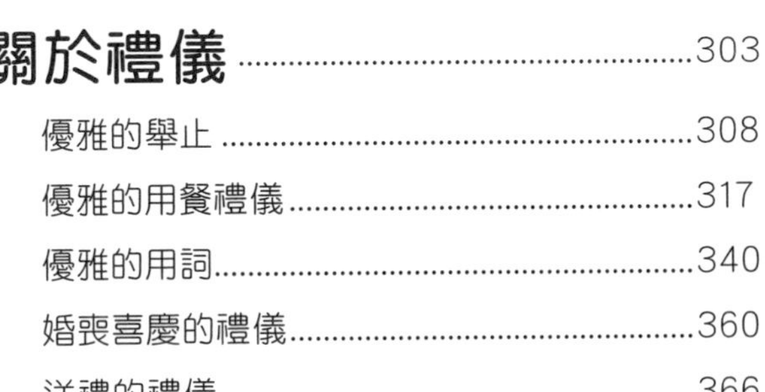

一定加油喔ー
30

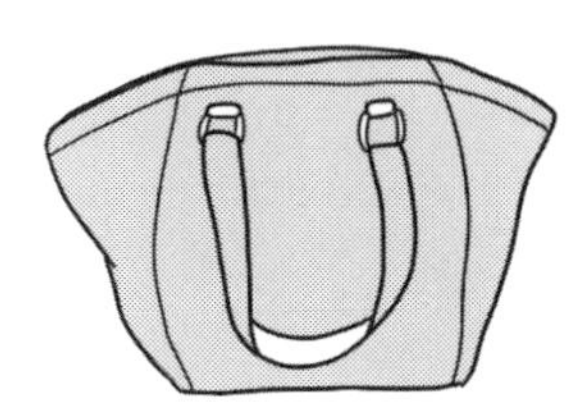

關於金錢

＊本篇理財知識為方便台灣讀者需求，由專業會計師更新為台灣理財數據，並兌換為台幣金額，供讀者參考。

金錢

一年出國兩次⋯
L'amour♡
網路血拚⋯
因為健康第一
這個健康食品
好像不錯♡
上個月剛買的健康食品
（放著）
蒐集可愛的東西⋯
走訪美味的店家⋯
門簾
裝飾在
房門入口好了⋯
這個
跟這個

鳥居志帆28歲
過著非常
充實的生活
我之前就想說了⋯
鳥居小姐
妳花錢的方式
實在很亂來。
咦？
我覺得
很普通啊！

我又沒有負債～
我想問一下⋯

妳有在
記帳嗎？
記帳？
我怎麼
可能記帳！
又不是
家庭主婦

果然如此。既然聊到這個，那我要再問妳，妳有多少存款？
錢比較多的時候大概幾十萬。少的時候幾萬吧。
如果去旅行，就會一下子少很多。
鳥居小姐…
妳這樣不會不安嗎？
不安什麼？
我在問妳不會對將來的經濟狀況不安嗎？
也不是不會不安啦…但只要努力工作和別人一樣賺錢就行了。
如果身體出狀況怎麼辦？妳是自由業，如果一住院，收入就是零喔！
沒錯，的確是這樣…
可不要小看住院費用…妳有保險嗎？
呃…沒有特別去買。
妳怎麼能活得這麼悠哉啊!!
喔喔喔喔喔!!!
咦？我以為這很平常啊…

*台灣現況，根據主計處統計，二〇一二年台灣的儲蓄率是28.8%，高於日本的20.9%、德國的23.7%、美國的16.2%。

*台灣現況據壽險公會二〇一三年統計，女性在壽險的投保率：20～39歲是78.79%，40～59歲是73.55%。

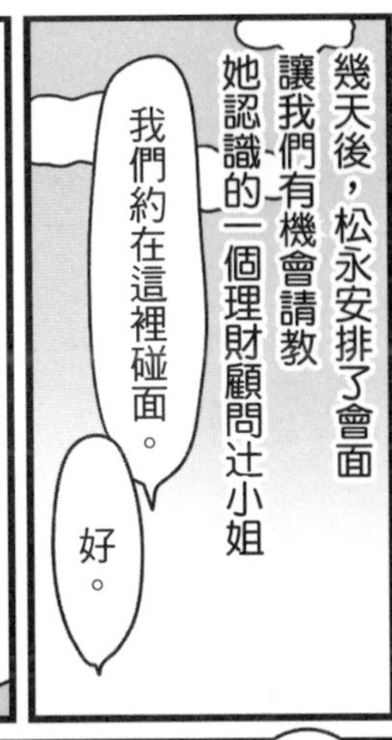

幾天後，松永安排了會面
讓我們有機會請教
她認識的一個理財顧問辻小姐
我們約在這裡碰面。
好。

不過，松永小姐，
理財顧問——
是什麼啊？

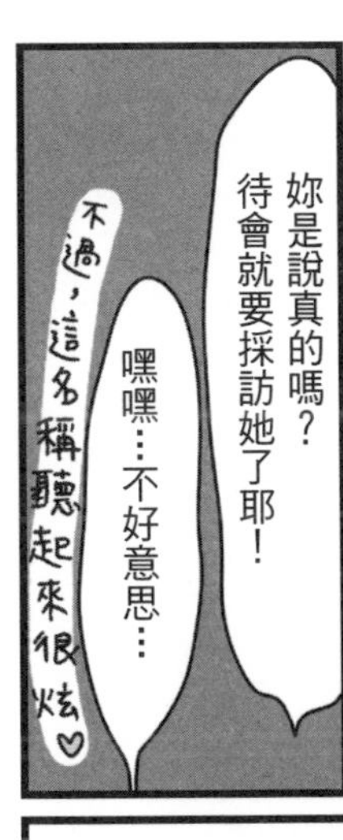

妳是說真的嗎？
待會就要採訪她了耶！
嘿嘿…不好意思…
不過，這名稱聽起來很炫♡

…真是的！
所謂理財顧問指的是——
根據個人收入、家庭成員、
資產和負債等資訊
提供與金錢相關的未來計畫的建議
NT
他會從現在的
收支狀況中
找出不必要
的部分
建議儲蓄方法…
或是退休後
由於年金收入不足以生活
他會建議夫妻在
孩子獨立後每個月
要存多少錢…等等
簡單
說明的話
就是這樣。

好厲害!!
好聰明啊！
他們要通過很難的考試，
很厲害喔～

這樣我的將來
也沒問題了。
太好了～
啊，辻小姐
好久不見。
松永小姐

妳們好，今天請多指教了──
理財顧問 辻小姐
麻煩妳了！

那我就直說了…
鳥居小姐已經28歲了，但存款令人不放心，也沒有保險，又沒記帳…
啊，這樣啊！嗯…我和松永小姐第一次見面，是四年前的事。

？
對，應該差不多是那時候…

那時候，松永小姐也和現在的鳥居小姐一樣呢～
存款嗎…
現在沒有
那時候的松永
對錢的事一無所知！
咦？真的？

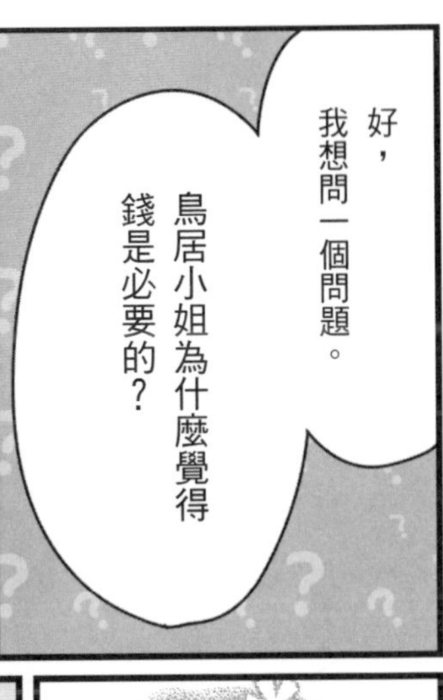
好，我想問一個問題。
鳥居小姐為什麼覺得錢是必要的？

咦？
嗯…因為，為了生存啊。
哈哈，真直接。的確如此。
但我們都希望錢不只是用在生存上呢。

當然！真希望毫不在意地在自己喜歡的事物上花錢

沒錯！這個時代只是想著要餬口而賺錢的人應該不多。
想住漂亮房子，自己想創業，或是想辦個海外婚禮等…要實現自己的夢想和目標就需要錢。

用一句話來說，為了讓人生更豐富、更自由，就需要錢。

反過來說，為了不讓自己因為沒錢，而放棄夢想和目標，就必須要好好面對金錢。

所以，
我的收入要是
現在的兩倍…
不，三倍！
熊熊
燃燒
哎呀，鳥居小姐，
雖然多賺一些錢也很重要，
但一樣重要的是
「好好面對金錢」喔！
咦？
只有這些？
年收入300萬
貯
年收入
3百萬
但存款只有
幾十萬的人
也不在少數。
相反的，
年收入1百萬
但存了幾百萬的人
也很多喔
年收入100萬
貯

其中的差異
就在於
有沒有
好好面對金錢
嗯嗯

在年過25歲以後，
如果能注意到面對
金錢的重要性
就已經及格
嘍！
想過
更豐富的人生
就要學習
以下五點。

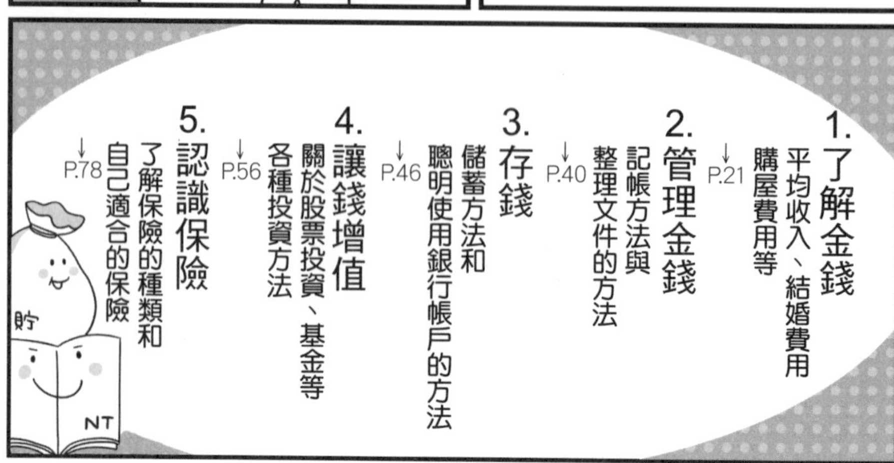
1. 了解金錢
平均收入、結婚費用
購屋費用等
↓P.21
2. 管理金錢
記帳方法與
整理文件的方法
↓P.40
3. 存錢
儲蓄方法和
聰明使用銀行帳戶的方法
↓P.46
4. 讓錢增值
關於股票投資、基金等
各種投資方法
↓P.56
5. 認識保險
了解保險的種類和
自己適合的保險
↓P.78
貯
NT

了解金錢

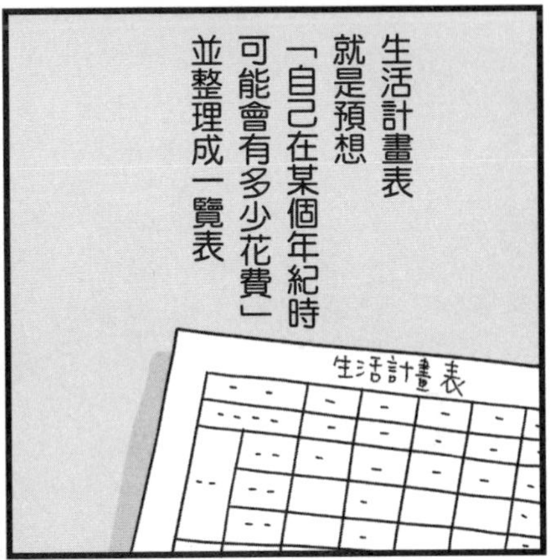

噹

這個表…非常真實喔！

原來如此！就是將之後的計畫和費用（預算）都寫下來。

西元		2011	2012	2013	2014	2015	
經過年數		1	2	3	4	5	
丈夫	年齡	33	34	35	36	37	
	計畫	買車		換電視			
	預算	80萬元		2萬元			
我	年齡	34	35	36	37	38	39
	計畫		婆婆60歲的慶祝旅行		換洗衣機	全家人環遊世界	
	預算		5萬元		3萬元	30萬元	
孩子	年齡						

這麼做
就能知道到幾歲
需要準備
多少錢，
因此存錢的
目標和必要性
會變得明確喔！
嗯嗯，
做得很好耶

我想馬上試看看…
不過，人生中
主要有哪些
大筆支出啊？
還有
也請告訴我，
這些支出的平均費用。

人生中想得到的
大筆支出包括…
結婚
生孩子
買房子
小孩的教育費
退休資金
我想
主要可以
舉出這五項。

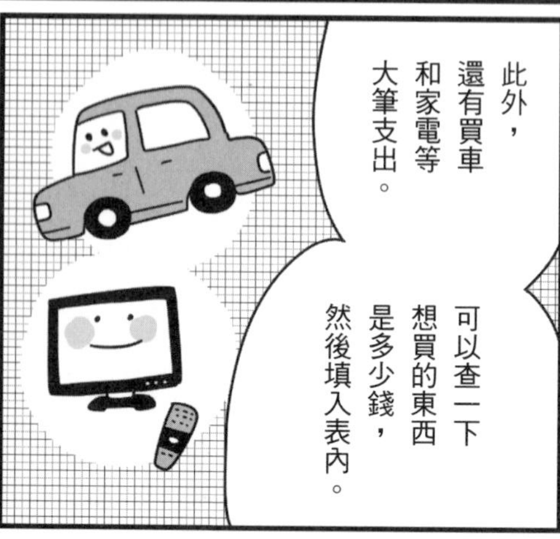
此外，
還有買車
和家電等
大筆支出。
可以查一下
想買的東西
是多少錢，
然後填入表內。

那麼…
先從結婚相關費用
依序看起吧！

婚前、結婚、訂婚～直到蜜月旅行的花費

平均金額

*台灣現況

項目	預估金額	說明
婚紗拍照禮服租賃	80,000	
婚戒及飾品	100,000	
禮俗	100,000	依各地習俗。(交換禮物新衣鞋等12項)
聘金	100,000	依各地習俗，通常依女方家長要求。
訂婚紅包	30,000	依各地習俗。(見面禮、頭尾禮、喝茶錢、壓桌錢、及媒人、車伕等工作人員)
訂婚(歸寧)場地及酒席	200,000	一桌$10,000*20桌
喜餅	90,000	一盒$450*200
喜帖	5,000	
婚宴場地及酒席	300,000	一桌$15000*20桌，如果另在教會證婚，會有場地租金、布置費及相關人員紅包。
禮車租賃	7,000	1台3500*2台

項目		預估金額	說明
婚禮所需費用			
	婚祕及化妝	10,000	依各地習俗。(交換禮物新衣鞋等12項)
	攝影	10,000	
	婚禮佈置、活動用雜項採購	5,000	依各地習俗。(見面禮、頭尾禮、喝茶錢、壓桌錢、及媒人、車伕等工作人員)
	送客小禮品	5,000	
結婚紅包		30,000	視工作人員人數而定，每個600元到1000元(招待、出納、花童、媒人、證婚人、主持人等工作人員)
蜜月旅行		200,000	一般歐美一天費用估1萬元，亞洲一天估5千元。 假設去歐美十天，一人費用10萬元
總額		1,272,000	

註：每項費用都可依自己的情況調整，最重要是雙方溝通良好，詳細資料可向婚禮顧問公司諮詢。

*資料來源：日本《XY》雜誌調查的「結婚趨勢調查2010」（Recruit發行）。

*台灣現況：根據報導依遺產及贈與稅法第20條第1項第7款規定，不論有幾位子女，或是否於同年度結婚，每一子女結婚時，父母均可各贈與結婚子女財物100萬元，不計入贈與總額。也就是，父母每年除各自享有220萬元的贈與稅免稅額外，於每一子女結婚時，均得各自贈與結婚子女財物100萬元，免課贈與稅。如某甲女兒於一〇二年間登記結婚，父母可各自贈與320萬元予其女兒，（父母兩人贈與總額640萬元），無須繳納贈與稅。若新人計劃明年初結婚，準新人單方父母若在今年分別贈與220萬元（共440萬元），加上明年結婚時分別贈與的100萬元以及同年度贈

生產費用（自懷孕到分娩）

＊台灣現況

定期檢查：

1.領有孕婦健康手冊者，每次掛號費50~150元，整個孕期共十次產檢，共1500元(不含自費項目)

2.自費項目：

羊膜穿刺、唐式症篩檢、額外超音波檢查等(各醫院收費不同)約略估計，有些縣市補助唐式症篩檢，約備$ 2萬元

> **台北市婚後孕前健康檢查及孕婦唐氏症篩檢補助**
>
> 台北市衛生局提供婚後孕前健康檢查及孕婦唐氏症篩檢補助
>
> ※所需資格：
>
> 一、婚後孕前健康檢查：設籍台北市已結婚未生育第一胎之夫或妻。
>
> 二、孕婦唐氏症篩檢(初或中期擇一補助）：設籍台北市懷孕婦女。
>
> ※申請方式：直接至本方案各特約醫療院所門診受檢，即可享有檢查費用全額免費（不含掛號費及診察費），無須額外進行補助費用申請。

生產費用：

1.待產

無痛分娩 6,000~10,000元

2.住房費用

領有孕婦健康手冊者，如果住健保給付病房是不用支付差價的。

3天健保房共1,000~5,000元

單人病房補差價一天@3,000~7,500元

雙人病房補差價一天@1,500~3,000元

(假設自然生產，在媽媽和小孩都不需另外醫療服務的狀況下)

3.膳食

醫院訂餐，一天約350元

4.新生兒篩檢費用 4,000~5,000元

各醫療院所的收費不一，在此僅能估算。如果在公立醫院自然生產並全部以健保給付，無自費情況，預估約2萬元左右。

產後護理：

產後護理之家(坐月子中心)一天約5,000～8,000元

坐月子餐，一個月約50,000元。

＊以台北市為例，民國一〇〇年一月一日以後出生的新生兒，每胎的補助金是2萬元。條件是新生兒出生時父或母其中一方設籍並實際居住台北市一年以上，且申請時仍設籍並實際居住本市，並於新生兒出生後60日內至新生兒設籍所在地之戶政事務所申請。（各縣市政府大多自行依財政狀況開辦生育補助，詳各縣市戶政事務所）

生產之後到大學畢業22年總共花費

養育費+教育費=總花費

*註：以都市生活方式估算（台灣現況）

基本養育費

項目	金額	項目	金額
生產、育兒費用	5 萬	22 年保險醫療理美容費	25 萬
0-3 歲保母費	60 萬	22 年交通費用	27 萬
22 年的飲食費	150 萬	22 年零用錢	70 萬
22 年的服裝費	45 萬	私有物品費用	18 萬
		合計	400 萬

公私立學校教育費

學程	類別	金額	學程	類別	金額
幼稚園 3 年（全天）	公立	3 萬	高中 3 年	公立	5 萬 1 千
	私立	30 萬		私立	60 萬
小學 6 年	公立	2 萬 4 千	大學4年	公立	24 萬
	私立	120 萬		私立	50 萬
國中 3 年	公立	1 萬 8 千			
	私立	60 萬			

1	2	3	4	5	6
公立幼稚園 3 萬	私立幼稚園 30 萬	私立幼稚園 30 萬	私立幼稚園 30 萬	私立幼稚園 30 萬	私立幼稚園 30 萬
↓	↓	↓	↓	↓	↓
公立小學 2 萬 4 千	公立小學 2 萬 4 千	公立國小 2 萬 4 千	公立國小 2 萬 4 千	私立國小 120 萬	私立國小 120 萬
↓	↓	↓	↓	↓	↓
公立國中 1 萬 8 千	私立國中 60 萬	公立國中 1 萬 8 千	公立國中 1 萬 8 千	私立國中 60 萬	私立國中 60 萬
↓	↓	↓	↓	↓	↓
公立高中 5 萬 1 千	私立高中 60 萬	公立高中 5 萬 1 千	私立高中 60 萬	私立高中 60 萬	私立高中 60 萬
↓	↓	↓	↓	↓	↓
公立大學 24 萬	私立大學 50 萬	私立大學 50 萬	公立大學 24 萬	公立大學 24 萬	私立大學 50 萬
↓	↓	↓	↓	↓	↓
教育費合計 36 萬 3 千	教育費合計 202 萬 4 千	教育費合計 89 萬 3 千	教育費合計 118 萬 2 千	教育費合計 294 萬	教育費合計 320 萬
+					
基本養育費 400 萬					
=	=	=	=	=	=
總計 436 萬 3 千	總計 602 萬 4 千	總計 489 萬 3 千	總計 518 萬 2 千	總計 694 萬	總計 720 萬

註：尚未計入安親班、才藝班及國高中補習費用

重點是並不是要一口氣拿出這數百萬來，一次支付比較多錢是每個階段入學時。

只要好好安排，應該不會有太多家庭的生活會因此受到影響。

不過，如果想讓孩子從幼稚園開始就一直讀私立學校，就要注意註冊費要花5萬元以上。

要努力存錢的話，從46頁開始會說明儲蓄方法喔！
對我來說，我很在意有了孩子後的住宅問題。
努力
努力
因為孩子有自己的房間比較好，所以我覺得現在的房子太小了。該不該換間獨棟住宅而且有讓孩子玩耍的大院子呢？
也就是妳想買房子吧？
應該很多人都想著希望有天能買房子吧。
喲
不過，買房子要花很多錢…
雖然如此，但租房子要一直付錢，房子也不會變成自己的…不覺得很吃虧嗎？
房租
房租
雜誌上常會有「租房子和買房子哪個划算」的專題，到底哪個划算呢？
要選擇哪個呢？
NT
NT
沒辦法一概而論說哪個才划算喔。
也是要看個人狀況和社會情勢。

總而言之，只要稍微操作一下房租或房貸利息，就可以讓兩邊看起來都划算。
咦～！是這樣啊！不能完全相信報導內容耶！
嗯
租房子和買房子各有優缺點，我覺得考慮這些事也很重要。
租房子
VS
買房子
優點
*要配合生活型態和收入換房子，比較容易
*自己可以不去維護房子的狀態
*對不喜歡和他人來往的人而言，精神上比較輕鬆
搬家
*付完貸款後，房子就變成自己的資產
*和租房子相比，可以好好裝潢整頓家裡
*想改建或重新裝潢比較簡單
來釘架子！
缺點
*房子無法變成自己的資產，但卻必須一直付房租
*對於年老後的住處感到不安（年紀愈大，要租房子愈難）
*無法自由改建或重新裝潢
老後……
*因為長期支付貸款而被綁住
*即使生活型態改變，也無法簡單更換住宅
*房子的維護必須靠自己
調職？
自己去新地點工作

	大樓住宅  VS 獨棟住宅 	
優點	＊隔熱性和氣密性佳 ＊房子和公共設施的維持，是委託給管理公司 ＊有完善的保全 ＊有很多公共設施，像是兒童遊戲室、宅配收件櫃等	＊不需要每個月付管理費和建物維護費 ＊可以自由改建或增建 ＊能自由地養寵物 ＊和大樓住宅相比，不必那麼擔心其他住戶的聲音 
缺點	＊要付管理費和建物維護費 ＊容易聽到上下左右鄰居的聲音 ＊無法增建 ＊不能養寵物，或是限制很多 	＊離車站較遠的選項較多 ＊和大樓住宅相比，保全較弱 ＊房子和設備的維護一定更靠自己 ＊多少得和鄰居打交道 

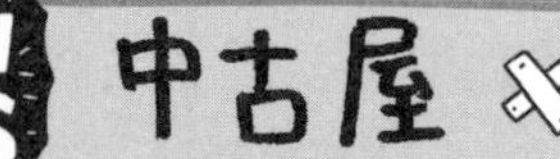

	新屋	中古屋
優點	＊使用最新設備和工法 ＊隔間的選項很豐富 ＊因為多半和其他住戶同時期入住，來往時比較容易	＊和新屋相比，價格較便宜 ＊可以看過實際房子後再買 ＊可以配合生活型態改建或重新裝潢
缺點	＊和中古屋相比，房價較高 ＊無法看實際房子	＊必須融入既成的人際團體 ＊購買時所花的各項費用比新屋多

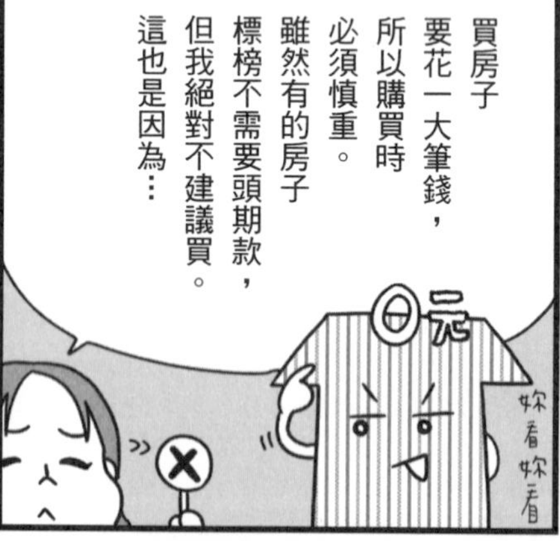

頭期款不同，總支付金額的差別

頭期款	0	300萬	600萬	900萬
貸款金額	1500萬	1200萬	900萬	600萬
每月償還金額	55,443元	44,354元	33,266元	22,177元
30年償還總額	1,996萬	1,597萬	1,198萬	798萬

假設：房價1500萬元、固定利率：2%、貸款期限：30年、本息平均攤還

!!
頭期款0和9百萬的總償還金額居然差了快1千2百萬？
令人震撼的事實!!
沒錯，就是這樣。
不可以隨著廣告或業務員的話術起舞，用少少的頭期款購買房子喔！
可以買好幾輛高級車嘍…
憑著一股氣勢買房子是不行的…太可怕了…

「頭期款必須是總價的兩成能準備三成最好」這是買房子的規則之一
購買房子的
規則之一
還有其他規則嗎？
另一個是「不要用獎金付貸款」。
獎金

現在這種景氣就算你原本想用獎金來付幾成房貸但到頭來常有可能拿不到獎金
獎金 獎金…
咦!?
獎金

為了不讓自己陷入這種萬一發生狀況的窘境，就是不要用獎金來支付貸款。當然，這個規則不只可用於購買房子。

在買車或
大型家電時
有時候也會使用貸款，
但別想著要用獎金
來支付喔！
高畫質！
大畫面！
薄型！
不要把我
獎金
算在內喔！
瞥
接下來
我要講的事
妳們可能
覺得還很遠，
我們來看看
退休後的資金吧！
老實說
畢竟是三十年後
左右的事，
所以不論怎麼樣
都無法實際思考。
沒錯沒錯。
雖然有人說到我們
老的時候國家就
付不出年金來了，
但即使如此
還是沒辦法實際思考。
模糊～
老後
嗯──
我了解妳們的心情。
我和鳥居小姐
差不多年紀時
也不是很在意。
啪啦
不過，現實中
我們一定會變老。
這是總有一天
非想不可的問題。
而且，
需要的金額
也不是幾十萬而已，
因此早點開始準備
比較好喔！
突然
具體來說，
到幾歲
要有多少存款
會比較安心呢？
我聽人家說過
退休後的資金
夫妻倆要準備
3千萬元…

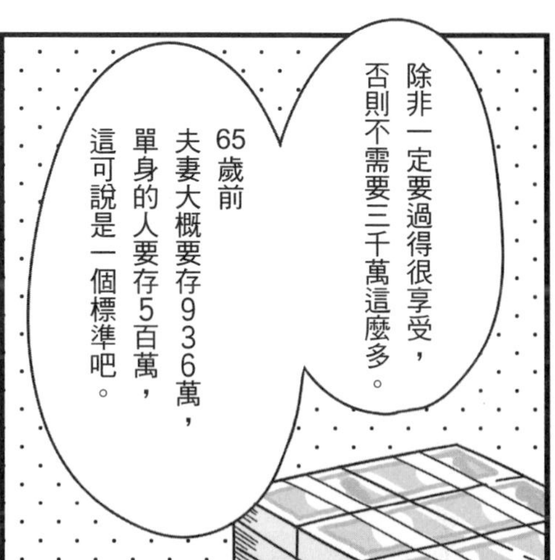

① 1個月的必須開銷 － ② 年金的金額

＝ ③ 1個月不足的金額

③ × ④ 12個月 × ⑤ 年數

＝ 退休後需要的錢

可以用這個算式
計算出來。

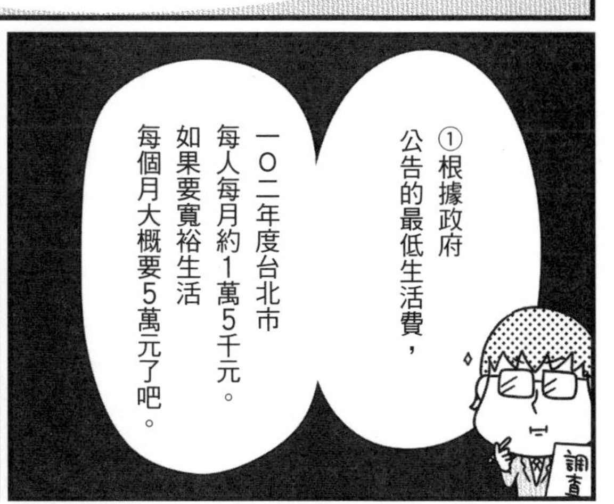

因此，我是用生活品質會比較好的一個人5萬元左右為標準來計算。
夫妻兩人寬裕的生活
10萬
假設自己沒有另外購買商業保險，只領取勞保或國民年金。
②的年金金額是依個人收入及保險年資而不同。

舉例來說，勞保老年年金給付是依下列2種方式擇優發給。
1.平均月投保薪資×年資×0.775% +3,000元。
2.平均月投保薪資×年資×1.55%。
假設一個人，退休前60個月的平均薪資為投保最高薪資43900，年資35年
43,900×35×0.775%+3,000=14,908
43,900×35×1.55%=23,816 (選)
也就是自職場退休的夫妻兩人，一個月可以領到大約4萬8千元

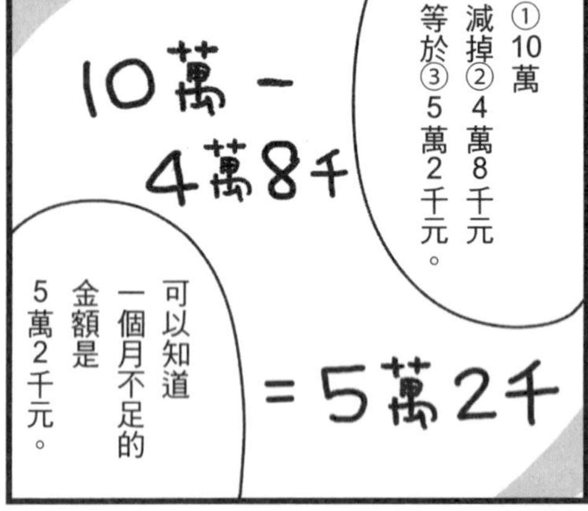
①10萬減掉②4萬8千元等於③5萬2千元。
10萬－4萬8千
=5萬2千
可以知道一個月不足的金額是5萬2千元。

根據衛生署二〇一〇年平均壽命資料，男性76.2歲，女性82.7歲。假設是80歲，80歲減掉退休年紀65歲為15年，5萬2千元×12月×15年=936萬
5.2×12×(80−65)

然後就得出936萬這個數字。
揭曉
5.2×12×(80−65)=936

如果退休金有5百萬，是不是把這個936萬減掉5百萬，只要再準備436萬就好了？
936萬
－500萬
＝436萬
對，沒錯。如果沒有打算要用退休金來買房子什麼的就沒問題。

嗯～不過，常聽到有人說年金的給付額會逐年減少…
說起來，也有人說開始領年金的年齡會提高到70歲呢。

嗯，我覺得這種可能性很大。不過，可想而知到了鳥居小姐六十歲時退休年紀也會提高。
如果能工作很久不依賴年金固然很好，但要考慮的前提是體力和環境都允許。

…雖說如此，
能工作很久的人最好還是將目標稍微再訂高一點。

非得存到936萬以上不可，我沒那自信啊…
嗚嗚
啊，抱歉，抱歉。

像鳥居這樣的自由業者和自營商，需要準備的金額還要再多一點…
夫妻倆都是自由工作者的話，夫妻一共需要大約1千6百萬。
咻
自由業夫妻
1600萬

4萬-15,600=24,400

24,400×12個月×15年

=約440萬

不過，如果有實力的話，就沒有退休這回事吧。
鳥居鼓勵大會
沒錯。妳可以靠自己一直工作到死為止啊！
加油喔

是這樣嗎？我好像看到了一絲希望。
希望
對啊
閃

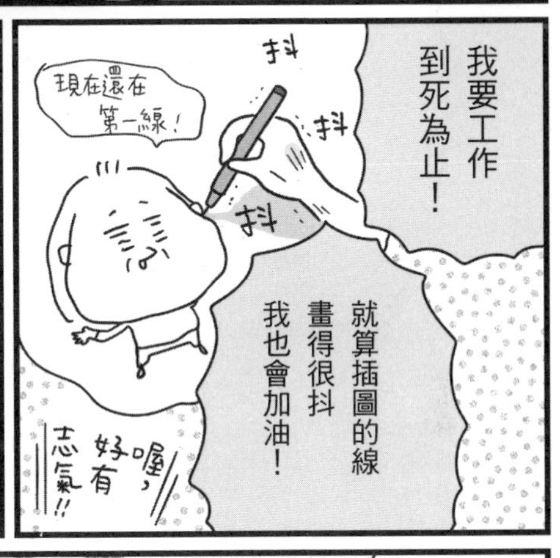
我要工作到死為止！
抖
抖
抖
現在還在第一線！
就算插圖的線畫得很抖我也會加油！
好有志氣!!
喔，

…即使如此，還是需要這麼多退休資金喔。
應該怎麼存錢才好呢？
好加油吧！
咦，這個時段結束了!?

想存錢的話，首先是這個！
管理金錢
從這件事開始吧！

那麼，就讓我們來看下個項目吧！
啊，對了對了，也不要忘記做生活計畫表喔！
生活計劃

管理金錢

鳥居小姐
沒記過帳呢。
這是為什麼呢？
嗯…

老實說
我挑戰過好幾次
不過
金額對不起來
又很麻煩
所以沒辦法
持續下去…
沒辦法了…
我和你合不來…
滾…

沒辦法長期記帳的人
個性其實都很認真喔。
鳥居小姐，
妳會這樣嗎？
像是每一塊錢
都一定要
確實管理，
每天都一定得
記帳…
還有費用的項目
訂得非常細…
對，是這樣
我是A型的!!
嘿嘿

可以更輕鬆地
試著記帳喔！
耶？

不要用一元計，
而是以十元、百元為單位，
金額對不起來也沒關係，
費用項目很籠統也OK，
一個月記一次帳也可以喔！
咦!!
可以這麼
隨便嗎？
生ー氣
我也
生氣了

重要的不是記帳。
妳們聽過
PDCA循環嗎？
嗯，
應該是…

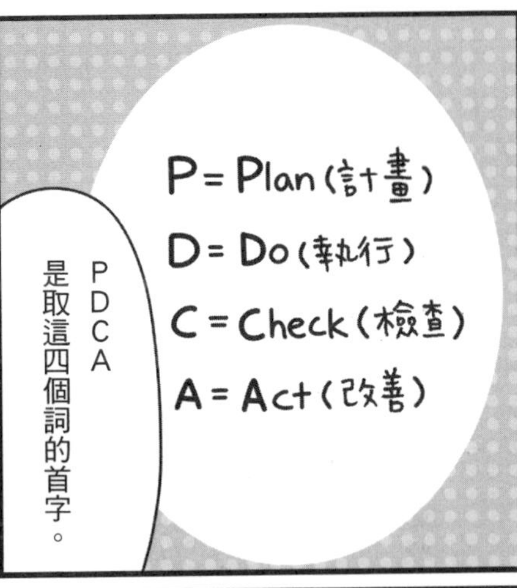
P = Plan（計畫）
D = Do（執行）
C = Check（檢查）
A = Act（改善）
PDCA是取這四個詞的首字。

對，沒錯。這個循環就是重複這四件事以持續改善業務，可使用在品質管理等工作中。
這跟記帳有什麼關係嗎？
不愧是松永小姐♪

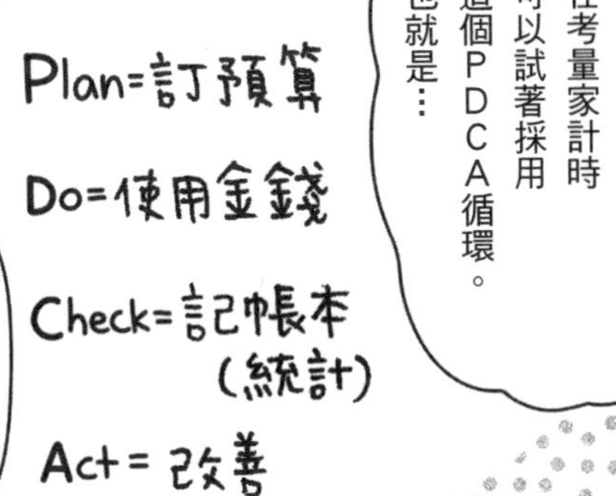
在考量家計時可以試著採用這個PDCA循環。也就是…
Plan=訂預算
Do=使用金錢
Check=記帳本（統計）
Act=改善
就是這樣。

也就是說，記帳是思考家計這個循環中的一環嘍？
原來如此…
沒錯。

雖然要持續記帳但記帳本身並不是目的
重要的是為了儲存必要的錢以實現將來的夢想和目標要怎麼改善家計
在飲食和興趣上花太多錢，要改善!!
記帳本

具體來說妳建議什麼樣的記帳方式呢？
像鳥居小姐這種類型的人，容易一直持續下去的是「收據帳本」喔！

收據帳簿的記法

① 一定要將收據留下來，放在一個地方保管。沒有收據的話，就將金額記下來。

② 每個月月底將收據金額記在帳本上。信用卡費和從帳戶提領的金額，也要記在帳本上。一開始可不分費用類別。

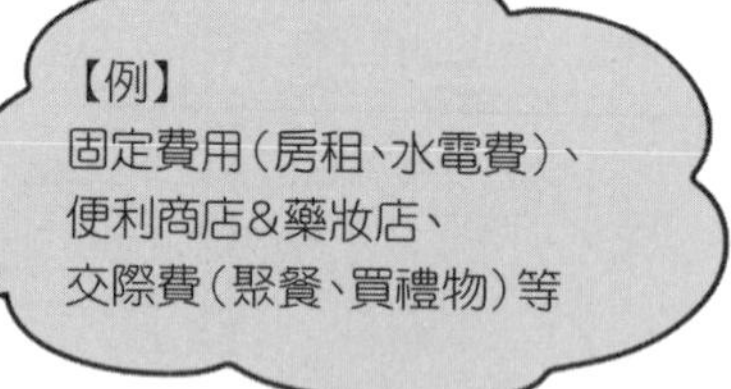

③ 習慣後，再試著分類。重點是要讓收據都能納入其中，而且能持續下去。

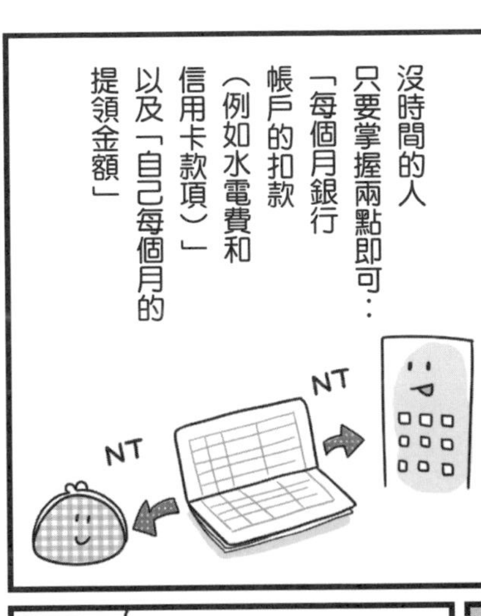

每個月銀行的扣款金額
（水電費和信用卡費等）

＋自己每個月的提領金額

＝1個月的大概支出

這兩個金額加起來
就可以知道
大概的支出了。

	6/1	6/2
餐費	816	0
外食費&便利商店	430	0
日用品	525	
交際費	0	
孩子的費用	6.000	
娛樂費	0	1.3

現在是分成餐費、外食費&便利商店、日用品、交際費、孩子的費用、娛樂費、醫療費、其他等八個項目。

嗯，就是這樣！以自己最容易記帳的方式持續下去如果能變成適合自己的方式就好了
松永用
松永小姐能做到的話，我覺得我也能做到。
來做吧吧吧
啊，可是我不會使用excel…
妳要不要試著使用智慧型手機的APP來管理呢？
沒錯！這種方法的優點是產生支出後，可以在還沒忘記前輸入。它也能自動計算，真的很方便。
買了食材
OK！
NT
超市環保袋
搭電車～
20元
我不論在什麼時候、什麼地方都會帶智慧型手機。只要花幾分鐘輸入就行，這方法或許很適合我！
不過很多人只是輸入而已，不會去檢視下個月該改善的地方，所以要注意這點喔！
不可以忘記PDCA喔！
還有一點要補充！
嗯…連我都會確實輸入毫無遺漏!!
感到滿足
那個…要反省問題…

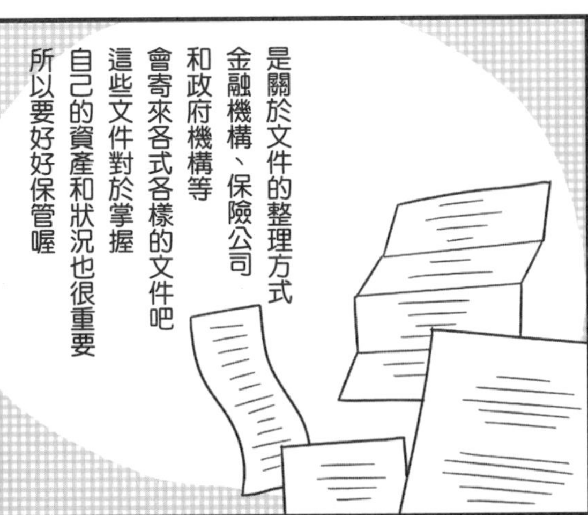

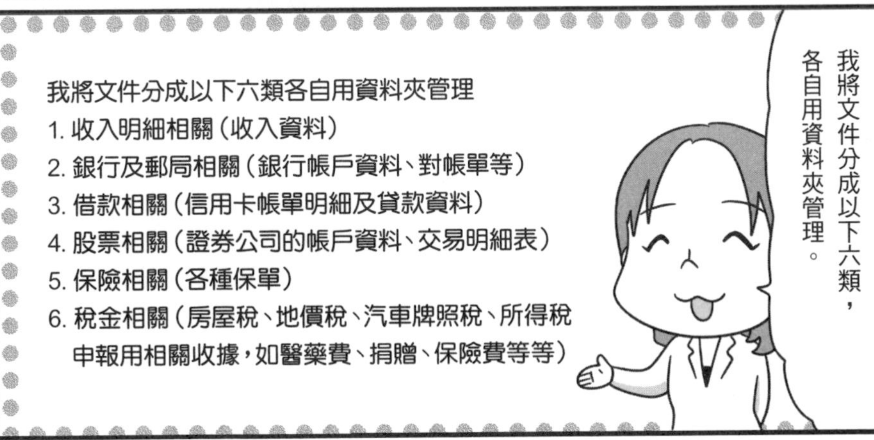

我將文件分成以下六類各自用資料夾管理

1. 收入明細相關（收入資料）
2. 銀行及郵局相關（銀行帳戶資料、對帳單等）
3. 借款相關（信用卡帳單明細及貸款資料）
4. 股票相關（證券公司的帳戶資料、交易明細表）
5. 保險相關（各種保單）
6. 稅金相關（房屋稅、地價稅、汽車牌照稅、所得稅申報用相關收據，如醫藥費、捐贈、保險費等等）

存錢

不同年齡的平均年收入＆平均存款金額

		30歲未滿	30～39歲	40～49歲
單身女性	年收	86萬	106萬	124萬
	儲蓄額	59萬	124萬	293萬
兩人以上的家庭	年收	134萬	175萬	224萬
	儲蓄額	94萬	188萬	310萬

出處：日本總務省統計局「2009年全國消費實態調查」

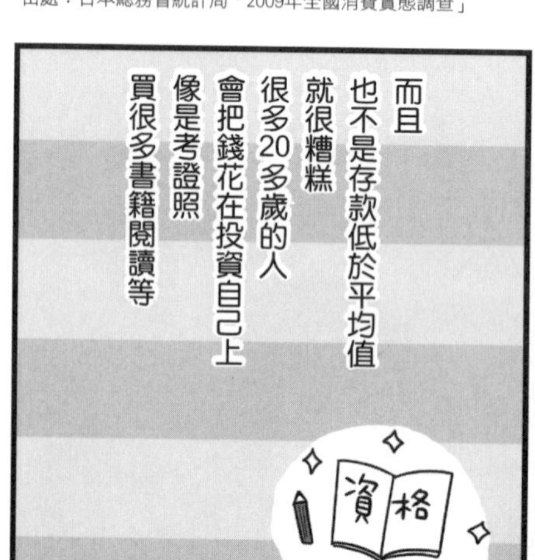

此外
也有人因為舉辦婚禮
或買車，
存款因此一口氣減少。
我不知道
自己主要
是把錢
花在哪裡，
但存款
也很少…
茫然
不過，要是看了這個數字
而意識到自己有多糟，
不是也不錯嗎？
呵呵…
咦!?
妳什麼時候
變成在那邊了!!
老師區
呵呵…
說到存錢，
每個月大概
存多少比較好？
每個人的收入和
環境都不同，
所以不能一概而論。
不過…
如果還沒結婚
又住在家裡，
可以存下收入的
兩成。
如果還沒結婚
一個人住就存一成。
如果是雙薪家庭
要存三成以上。
3成↑
1成
2成
以收入5萬的
單身族來說，
住在家裡要存2萬，
一個人住則是1萬。
如果夫妻的收入
加起來是8萬，
就得存2萬5千元。
首先，先以一～三成
為目標儲蓄額
試著實行三個月看看。
如果這麼做
會過得很辛苦…
就稍微調低金額；
如果感覺很寬鬆，
就試著稍微
把金額調高。
存!!
好像還可以增加耶
收入

鳥居小姐是自由業，所以每個月的收入不太一定…

我覺得可以設定成收入在5萬以下時存二成，5萬以上就存三成，以此類推。

我知道了！

收入比較多的月分，不知道為什麼也是一下子就花光…

反省中

先定下這樣的規則感覺比較好。

說到具體的儲蓄方法──

我會建議「零存整付」！

可以說沒有比這更好的存錢方式了。

存不了錢的人

收入－支出＝儲蓄

能存錢的人則是

收入－儲蓄＝可使用的金錢

通常會這麼想…

如果公司有
和金融機構配合的
定期儲蓄制度
或是內部存款制度
沒道理不利用！
存這麼多嘍
咦 什麼時候存這麼多了!!

這種儲蓄制度的
利息不錯
又無法簡單
把錢提出來
所以不知不覺間
就能把錢存下來
不過，不能輕易給妳喔
關
好

公司沒有
這種制度的人
可以試著使用
銀行的
自動存款
自己決定
每個月
要扣多少錢
存到專用帳戶
NT
交給我啦！
BANK

1個月1萬
好，沒問題
NT
重點是
要指定發薪日隔天
為扣款日
這樣的話
就能避免
不小心花太多錢
而變得沒錢
可扣…

另外，如果加薪的話，
也不要輕易增加
自己的生活費用。
房間可以升級啦!!!
而是讓
存款金額升級。

那麼，
對於該怎麼劃分
使用銀行帳戶，
妳有好建議嗎？
我會先建議
要有三個戶頭。

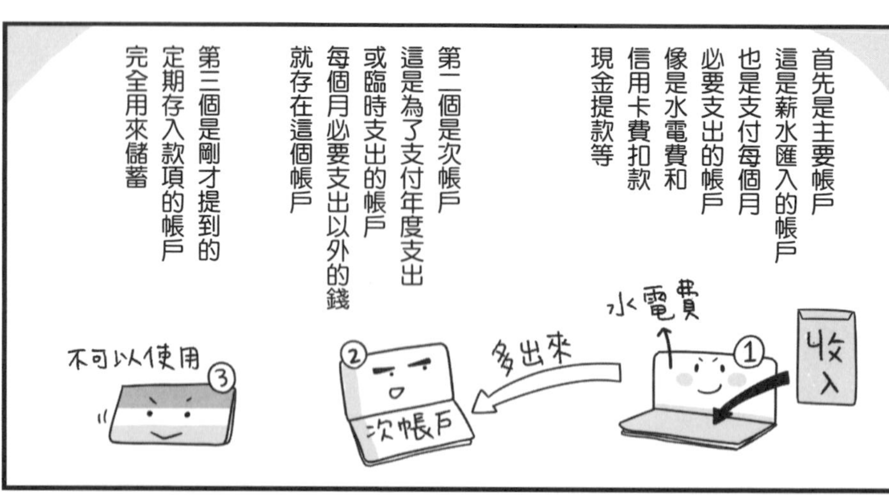
首先是主要帳戶
這是薪水匯入的帳戶
也是支付每個月
必要支出的帳戶
像是水電費和
信用卡費扣款
現金提款等
第二個是次帳戶
這是為了支付年度支出
或臨時支出的帳戶
每個月必要支出以外的錢
就存在這個帳戶
第三個是剛才提到的
定期存入款項的帳戶
完全用來儲蓄
收入
水電費
多出來
次帳戶
不可以使用

第二個次帳戶
要好好使用
像過年過節的返鄉
支出或旅行費
婚喪喜慶的費用等
年度支出和臨時支出
都是用這個帳戶支付
也就是說
不能碰存款帳戶
的意思。
對
因此每個月
扣除固定開銷以外的錢
一定要從主帳戶
移到次帳戶
NT

不但能用來付一些支出
順利的話
每個月還能一點一點存錢
存存
使用時
可以先設定自己的規則
像是「如果存了5萬
就把錢轉到存款帳戶」
「存了10萬的話
一半轉到存款帳戶
一半用來投資」
喂！
有存錢的話就
轉到這裡喔

獎金當然也不能只是放在主要帳戶要撥出年度支出或臨時支出的錢到次帳戶多餘的就存到儲蓄帳戶這樣就自然能把錢存下來
我空了！
獎金
移到這裡來喔
我只有一個帳戶而已…
從來沒想過要有一個以上的帳戶
我有一個主要帳戶和兩個存款帳戶。如果光是把錢放在主要帳戶裡，確實很容易把錢拿出來，很危險呢。
等到存款帳戶的金額增加自己也結婚了就能明確地以使用目的像是「教育費」、「退休資金」等增設專用的存款帳戶
喔，新來的！
妳們聽過存款保險嗎？指的是萬一金融機構破產時每個存款者都有3百萬及其利息的保障
哇哇哇
NT
我已經不行了…
啊，不過我可以還你300萬
BAN
反過來說，如果金額超過就拿不回來。
我明明存了1000萬啊…
拿不回來很慘啊！
因此考量到這種萬一的狀況在一家金融機構的儲蓄金額最好不要超過3百萬超過的話就換不同家存
300萬
NT
300萬
NT
安心、安心

此外，很難存錢的人多是從提款機小額小額地領錢。
驚
分很多次領錢派→
我可能是這種類型吧
印象中大概是一星期領一次
在便利商店領錢很多都要花手續費吧。
一次如果是5元，一個月領四次就是20元
一年下來居然就高達240元啊！
太浪費了！
雖然很多人不在意，但如果以這幾年的利息來看（約0.3％），即使存10萬，一年的利息是300元。
哇！只有那麼少啊…
不過這種人逛超市的時候，會因為常買的東西便宜了3塊，眼睛就發亮…
這有點本末倒置呢。
哎呀呀所以能幹的女人（自己）…
貴3元
便宜3元
不過，錢包裡如果裝了很多錢就很容易花掉，很可怕…
錢用光了…
忍忍忍
這樣的人要把一個月的生活費分成四週或五週，錢包裡只放一週的錢，其他的就放在家裡。
一星期分！

一個月的生活費如果是2萬，錢包裡（除以五週）就是放4千嘍！
很容易懂！
我是盡可能用信用卡付帳，不帶太多現金。
妳也來一張吧
咦!!用信用卡好像會花很多錢，很恐怖耶！
ㄟ—
沒錯，浪費的人有信用卡真的很危險。
可以馬上買到東西，但付帳常常是下個月或下下個月的事，對吧？因此，一不注意就會掉入陷阱，生活也可能變得更艱困呢。
點數
不過，有紅利點數也有很多好康…
常用信用卡付款會是個問題嗎？
如果不是特別浪費的人，25歲以後辦信用卡沒問題喔。像松永小姐說的有紅利點數也不會有帶現金的煩惱，用信用卡在網路購物不必支付手續費！和銀行轉帳及貨到付款不同。
那麼，我果然還是別用比較好…
浪費的人
而且信用卡在國外也很好用喔！
嗯？

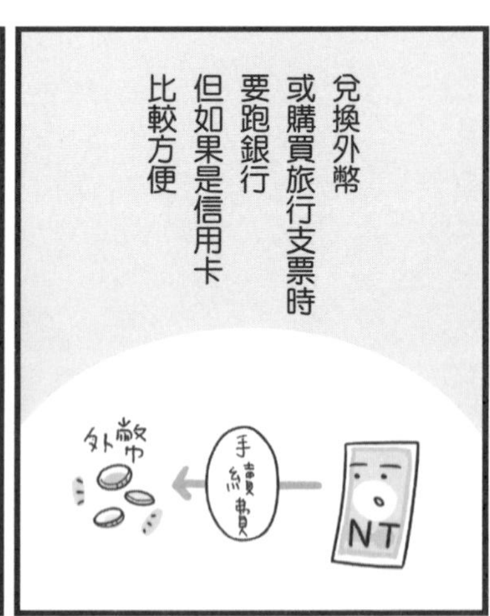

（＊）在日本部分信用卡即使是一次付清也需要手續費。

張數多不好管理，而且信用卡的紅利點數就會分散，讓好康變少。
嗯？這樣不是辦一張就好？……
在國外為了確認身分有時候會要求看兩張信用卡喔
25歲以後也會有出國機會為了以防萬一有兩張比較安心
咦？2張!?
我沒有卡這是我的風格
有三張以上的人，特別是要繳年費的人請稍微檢視一下自己的卡。如果判斷某張信用卡不必要，就馬上停卡。
稍微講太多了點，但總的來說，首先，就是以50萬為目標，以零存整付存款的方式存錢吧！
已經存到50萬以上的人就試著將目標提高，訂自己的年收入應該有的存款吧！
然後，如果手頭比較鬆了，接下來就是考量「讓錢增值」。
50萬……!!
完全沒有
這時候就要開第四個帳戶，「為了讓錢增值的投資帳戶」。

讓錢增值

經由儲蓄
所以手頭
比較寬鬆的人，
也可以開始思考
如何讓金錢
增值。

也就是投資吧？
我雖然想過
要挑戰，
但不知為何
就是踏不出
那一步…
我是因為
投資有太多
我不懂的名詞，
完全提不起勁來。
不過，
也沒有資金啦…
沮喪
沮喪

初學者的確會不知道
要從哪裡著手。
不過，
或許這種慎重的
程度剛剛好。
讓錢增值不是簡單的事
也伴隨著風險。
唰
砰

但是，這個時代
光是把錢存在銀行
幾乎無法讓錢滾錢也是事實
$
BAN

而且
物價也是
不斷上升吧？
比如說
我們來看
郵資好了…
一九八七年
是3元
現在是5元。
服務內容明明沒變
但只有價格往上漲…

我再稍微說得
詳細一點——
假設我們現在發現
一九八七年
存入撲滿的
3元
好久不見
拿出來
1987

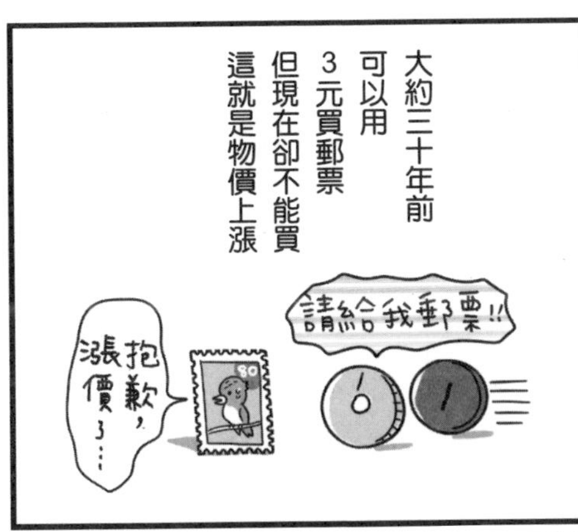
大約三十年前
可以用
3元買郵票
但現在卻不能買
這就是物價上漲
請給我郵票!!
抱歉,漲價了…

要對應物價上漲
光是以低利率的存款
是辦不到的
NT
BANK

因此,
為了能夠
聰明投資,
我會解說
基本的
投資用語
和各自的
優缺點。
好!
麻煩妳了。

妳們聽到投資
會想到什麼?
股票
還是基金吧…
外幣存款吧…
唔,想不出來了…

嗯嗯,
沒錯。
這三個投資方法
的確最多人
知道。
那我們先從
股票投資看起吧。

股票投資
首先
我簡單說明股票投資的結構
企業想擴大事業規模時
就需要資金
我想
讓公司變大
請來幫幫我啊!!
好啊ー
嘿嘿，謝謝
這是證明喔
股票
嗯
因此
就募集能出資的人（投資者）
而發行的證明就是股票

企業如果賺了錢，為感謝投資者
就會一年發一次股利
營運狀況變好了ー
變成黑字了ー
這是我的心意
哇，謝謝！今後也要加油喔
¥
股票投資的所得
一個就是股利
另一個是
在股票便宜時買進
在貴的時候賣出
所賺得的差價
我要賣！
股票
那也不錯…

投資股票的目的
雖然是要獲得這兩種利益
不過，有些企業有所謂的「股東會紀念品」
會準備企業自己的商品
或優待券、用餐券等
也有人因為這些紀念品而開始買股票
用吧!!
謝謝你們
一直以來的支持！
印象中
如果要一下子
就賺錢，
短期炒作
比長期持有好…
的確就像
松永小姐所說的…

不過，坦白說
一開始投資股票的人
要短期炒作
相當困難
股價不只
和公司
業績相關
還會因為
匯率、政治、
國際情勢等影響
時時刻刻改變
緊張
我們公司啊……
即使是專業投資者
要從這些資訊中推測股價
也很困難喔
此外，這些專業投資者
常常把散戶當成冤大頭
以獲利
啊—
好可怕……
好！
呵……
門外漢
因此現在
開始要買賣股票的人
最好長時間
擁有同樣的股票
著眼於股利
這樣比較聰明
不過……
「股價下滑」
就等於
「自己的資產減少」
對吧？
我的公司啊～
如果公司營運
狀況不好
連股利都沒有吧……
搖晃
企業倒閉的話，
股票也有
變成廢紙的
可能性……
……
股票
倒

嗯…
這就是
股票投資的
缺點。
開始投資
就一定會伴隨著風險。

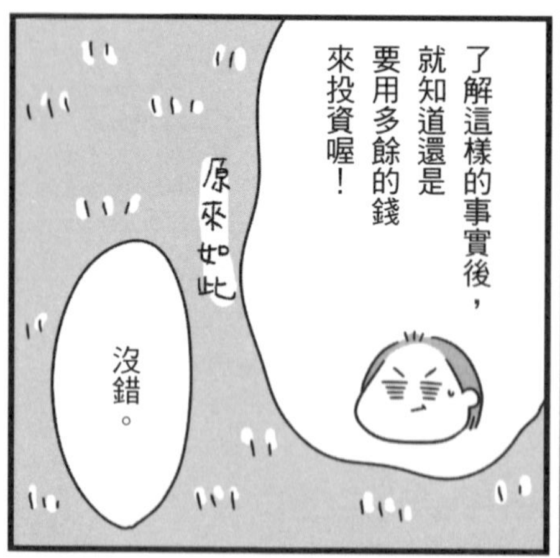
了解這樣的事實後，
就知道還是
要用多餘的錢
來投資喔！
原來如此
沒錯。

這樣的話
我想買
喜歡的企業
的股票，
而且要有
股東會紀念品。

例如…
常去的餐飲店還是
每天使用的
商品廠牌等。

這樣的話
即使賠了點錢，
也不會覺得那麼後悔，
這樣應該不錯。
嗯嗯
嗯！
這也是一個
選擇股票的方法。

選擇股票的基本原則是
「這個企業的營業額之後
會不會成長」
（現在的股價是不是太高了）
再者，投資自己由衷覺得
「我想支持這個企業」
的股票也很重要
請多指教
希望你加油!!

股票投資總結

優點

1. 如果公司業績好，就能獲得股利。
2. 可以賺取買賣差價。
   不過，不建議投資新手這麼做。
3. 有些企業會提供股東會紀念品。

缺點

1. 股價下降，資產也會減少。
2. 企業如果破產，資產價值可能歸零。

選擇股票的重點

1. 業績可望成長的企業。
2. 自己會接觸的企業。
3. 有股東會紀念品的企業。
4. 自己熟悉領域的企業。
5. 對社會有所貢獻的企業。

共同基金
投資專家（基金經理人）
募集投資人的資金
加以運用
如投資國內外股票
或債券等
就是共同基金喔
看我的
麻煩你了
投
資
人

投資人則會得到
與投資成果相對應的利潤
利潤

我要投資這個！
既然是投資專家，感覺很安全。
超期待!!!
的確，比起自己選擇買哪支股票的股票投資，它是比較安全一點。不過，贖回金額比投資金額少的可能性也很大。

不過，這幾年共同基金很受歡迎呢。
這樣啊……
我聽到專家就全盤接受了
真是太單純……
這是為什麼？

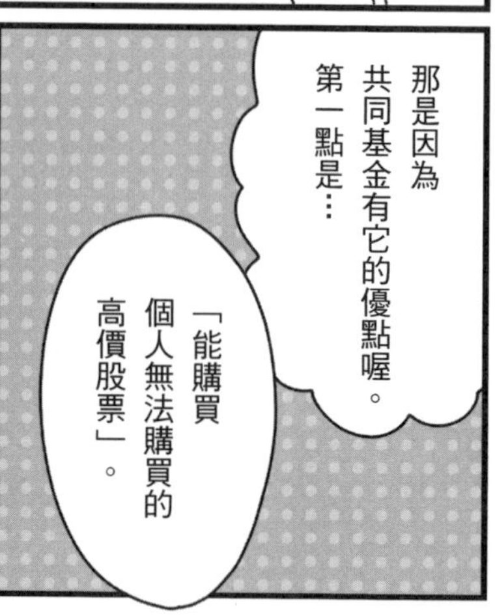
那是因為共同基金有它的優點喔。第一點是…
「能購買個人無法購買的高價股票」。

投資股票時
眾所周知的大企業股票
因為股價很高
個人很難出手購買
一流
我能買你的股票嗎
我拒絕
你給我重新選吧…
哼

因為共同基金是募集了來自許多人的大量資金所以就能買這種股票
一流
這樣的話可以嗎
再者，投資股票需要具備一定的資金。但國內共同基金單筆投資金額只要有3千左右就可以開始投資。
如果是3千的話我也沒問題。
哦？
投資的話要用閒錢喔！閒錢！
共同基金吸引投資者的另一個重點是為了減少風險會分散投資
投資股票的話自己能買的股票頂多就幾種
全賭在你身上了
吞口水…
共同基金因為可以購買各種股票和債券所以投資風險也可以分散
每種都一點點
附帶一提共同基金中常使用「基金組合」一詞指的就是決定「買什麼種類的股票和債券各買多少等」
2
3
5
突然覺得共同基金好像比股票投資來得好。
如果是投資新手，我也是建議先從共同基金開始。
嗯…

首先是手續費！

共同基金的手續費
比股票投資高
能不能壓低這個費用
會影響到投資收益
手續費主要有三種

第二個是「基金經理費及銀行保管費」

即在持有時間因運用和管理所需的費用。這筆費用占實際投資金額的0.5～5%且包含在實際投資的金額中，所以是間接支付。

第三個是「贖回手續費」

這是要賣出基金或解約時會支付的費用。若直接向基金公司辦理贖回則無手續費，但若透過銀行等其他金融機構辦理贖回，則需另付贖回金額的0.2～0.4%不等，為保險起見，在申購前要先確認。

基金資產淨值是共同基金的運用總額
這個金額愈高表示愈多人買喔
也可以說是它的操作績效良好
之後可能會投資更多種類的股票和債券
最好選擇國內基金資產淨值30億台幣以上的基金

30億

＊審定註：可參考投信投顧公會網站內，產業現況分析中的境內基金明細資料及境外基金其他資訊中的基金績效評比(每月統計一次)。

不過，要注意績效在10％以上的狀況…
成績很好嘛…
好，那就你…
咦!?
不是嗎？
成績
這不代表未來也有10％的獲利。

存款利率顯示的是「今後」一年的利息
基金的績效頂多是顯示「過去」投資成績
要注意這一點喔
績效
過去
未來
利率

實際申購金額顯示的是可以用多少錢買到該筆共同基金。
操作績效高的共同基金看起來很有吸引力，不過，當價格高申購金額固定時，可申購的單位會變少。

和股票投資一樣
漲幅很大的基金
也表示跌幅可能也很大喔
哇哇!!
上升
咻—
啊—

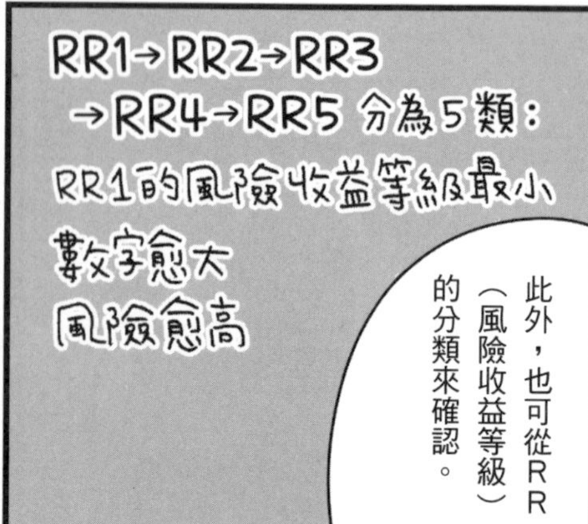
此外，也可從RR（風險收益等級）的分類來確認。
RR1→RR2→RR3
→RR4→RR5 分為5類：
RR1的風險收益等級最小
數字愈大
風險愈高

可以選擇只投資公債、地方債、公司債等的債券型基金，或是只投資股票的股票型基金…
嗯
嗯
嗯

簡單來說，台股指數型共同基金就是和台灣加權股價指數連動或與台灣證券交易所編製指數連動的共同基金。

這種指數型基金由基金公司向公眾集資，買賣都必須透過基金公司進行申購與贖回，不像ETF可以如股票般透過證券商直接交易買賣，但其定期定額規劃則較為方便。

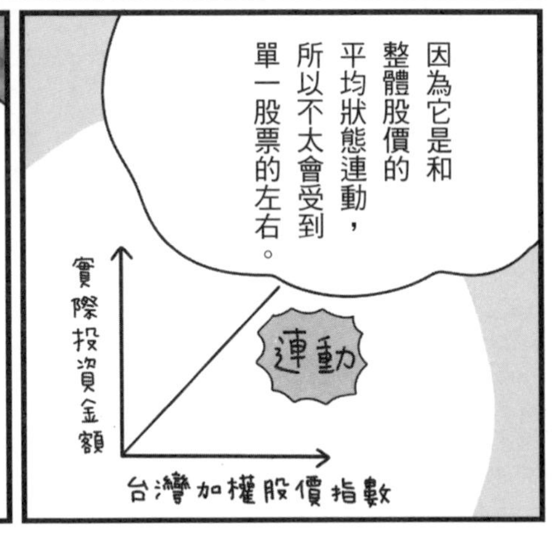

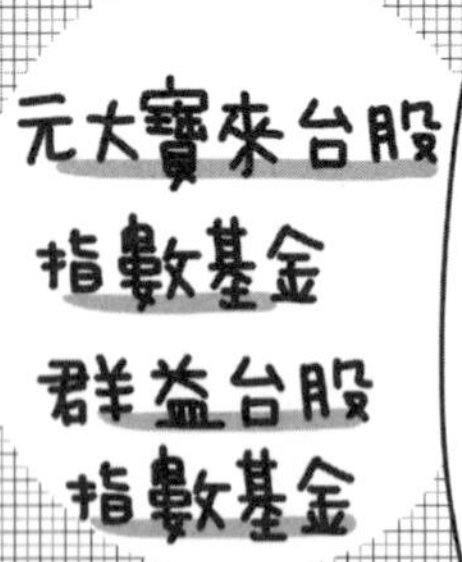
有興趣的人
可以看看基金名稱中包含
「台股指數」的基金。
元大寶來台股
指數基金
群益台股
指數基金

如果共同基金的投資報酬率
只有1～2％，扣除手續費
可能還低於申購金額。
因此購買基金時要先做功課，
看投資報酬率應該要有多少
才不會倒賠。

最後……
如果是不錯的基金
也可以試著以
「定期定額」
方式操作。
自己決定每個月
投入基金的
固定金額。
定期定額
最低申購金額
是3千元。
千
元

定期定額的
優點是
可以減輕風險。
3千元
下面這張表顯示
單筆購買
5萬元基金
和分五個月
每月購買
1萬元的差異。

單筆投資 vs. 定期定額

淨值 / 購入單位	10 元	7 元	13 元	12 元	8 元	5 萬元可購買單位	購入成本
單筆投資	5 萬元買 5000 單位	0	0	0	0	5000 單位	10 元
定期定額	1 萬元買 1000 單位	1 萬元買 1428.6 單位	1 萬元買 769.2 單位	1 萬元買 833.3 單位	1 萬元買 1250 單位	5281.1 單位	9.468 元

雖然不是所有基金都可以定期定額投資，但之後應該會愈來愈多。雖然要馬上做定期定額投資也可以，但我建議最好稍微觀察一下基金走勢再開始投資！

共同基金總結

優點

1. 由專家操作從投資者所募得的資金。
2. 一開始投入的金額比股票投資少。

缺點

1. 可能無法回本。
2. 手續費比股票投資高。

共同基金的選擇重點

1. 選擇手續費較少者（確認扣除手續費後會不會賠本）。
2. 確認基金資產淨值、報酬率、實際申購金額。

＊審定註：雖然台灣銀行在外幣兌換看似沒有手續費，實際上隱藏在比率裡。

好可怕…
買外幣存款時
就等於本金
開始短少了耶。

從減少開始的
起點…

實際上除了匯兌差異風險、手續費以外，還有利息所得及匯兌所得產生的所得稅。利息收入部分銀行會寄發扣繳憑單，但是外匯損益部分要注意保留損失證明，以便國稅局歸入匯兌收益課稅時可以提出證明。

哇~風險
真的好高啊！

外幣存款是看起來好像不錯，
但風險其實很高的商品，
不要輕易出手購買。

外幣存款總結

＊台幣評估

優點

1. 多數利率比台幣存款利率高。
2. 會因為台幣貶值而獲利。

缺點

1. 匯兌的價差大。
2. 會因為台幣升值而使本金短少。

其他的投資方法

貨幣市場基金MMF(Money Market Fund)

主要是操作安全性高的債券，和一般基金的買賣相同。相關資訊詳各家基金公司或其代銷之金融機構。

指數股票型基金ETF(Exchange Traded Funds)

和股票一樣，能在證券交易所買賣的上市共同基金。因為它和台灣加權股價指數連動，所以價格變動小，獲利相對低。這一點和指數型共同基金雖然相同，但它的優點是手續費很低。可以如股票一樣在證券經紀商交易買賣，如知名元大寶來台灣五十基金(0050)，另外也有能投資海外及各種資產的指數股票型基金。

外匯交易FX(Foreign Exchange)

指的是使用一定資金購買外幣，藉由匯率變動而獲利。比起外幣存款，手續費比較便宜，利率多半高出許多。由於可槓桿操作，以小額資金做數十倍、數百倍的交易，所以有些狀況下風險極高。

黃金投資

購買黃金存摺、金幣、金塊等方法。黃金不會產生利息，但是能抵抗通膨，在貨幣不穩定或戰爭時即會漲價。在世界任何國家，都能以公正的價格兌換。黃金存摺可從台幣3000元開始操作，台灣銀行的黃金存摺知名度最高。

真的有好多各式各樣的投資方法呢。
我開始對共同基金有興趣了。
呼
我很建議投資新手買共同基金喔！
相反的，像外幣存款和外匯交易，因為具高賭博性，不適合長期操作。所以如果要投資必須慎重。
嗯…
要開始投資的話，需要開個專用戶頭嗎？
嗯，需要在證券公司、銀行或郵局等開個專用帳戶喔！
最建議的當然就是在網路上買股票！它最棒的優點是手續費很便宜！
大概是大型證券公司的五分之一而已。
投資的風險之一就是需要手續費。
手續費
砰！

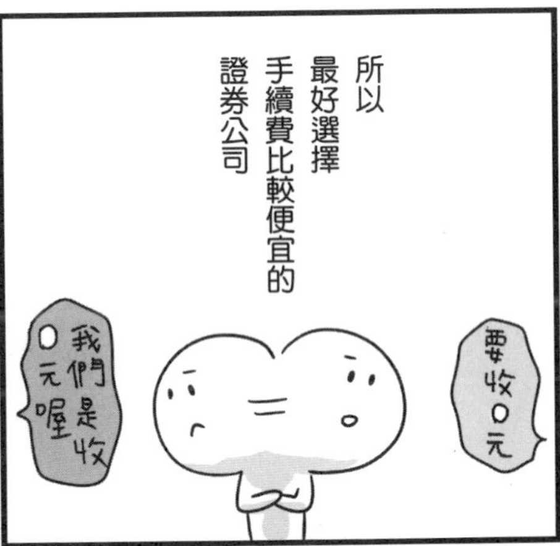
所以
最好選擇
手續費比較便宜的
證券公司
要收0元
我們是收0元喔

現在透過網路
就能簡單比較
手續費了。
最後…

開始投資，世界也會變得寬闊。
因為，對於企業和世界的動向、
台幣和美金的動態
會自然產生興趣。
從這點來看
進入投資世界也很有益。
BANK
新世界

不過，
我要再三強調，
投資一定要用
多餘的錢！

請好好地聰明投資，
讓自己的資產
多少能增加一些喔。
好！

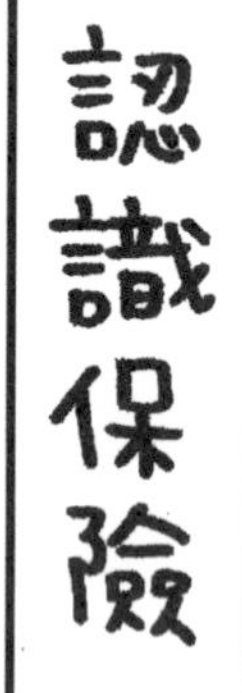
認識保險

好，
最後的項目
是保險。
是。
對不起！
我沒買保險！
倒

哈哈哈。
鳥居小姐現在
萬一發生什麼事故，
或是生病
必須住院…

是。
沒辦法付錢。
完全沒辦法…
只能靠父母！

妳講得
還真白啊…
不過，我在認識
辻小姐之前，
對保險的事
也是什麼
都不懂…
已經露餡嘍
松永小姐
不過…

真的是幸好有買保險。
老實說，買了保險後不久，
我曾經住院，
那時候拿到的保險金
真的很有幫助。
時機真是
太剛好了…
好險！

這樣啊…
保險果然
還是必要的嗎？
坦白說，
有錢人
不買
也沒關係！
瞄

哈。
真是直接啊！
拍
說到保險，
它本來就是
要救助
在發生意外狀況時
無法支付金錢的人。
發生意外了！
如果需要錢的話
我有
沒問題！
所以如果
有很多閒錢，
不買保險
而能自由使用
或投資，
當然是更好。
確實
是如此呢。

這樣的話，
我不保絕對不行。
不過，在不久的將來我一定會變成有錢人的
那麼
我們就依序
來學習吧！
辻小姐
做得好！
轉身

聽到保險，
很多人可能都會想到
電視廣告裡說
「入院一天能拿多少錢」
之類的內容吧？
這種保險是
「個人保障」的一種。

個人保障…？
保障可分為
個人保障、
組織保障、
社會保障
三種。

個人保障
是廣告中常見的
民間保險公司
提供的保障
個人儲蓄
也是這類保障

主要社會保障

全民健康保險

全民健保為強制性的社會保險，全民納保，全民就醫權益平等，當民眾罹患疾病、發生傷害、或生育，均可獲得醫療服務。

勞工保險

勞保提供年滿15歲以上，65歲以下之勞工，應以其雇主或所屬團體或所屬機構為投保單位，全部參加勞工保險為被保險人。
給付包括：生育、傷病、失能、老年、死亡、職災醫療等給付。

就業保險

在提供勞工於遭遇非自願性失業事故時，提供失業給付外，對於積極提早就業者給予再就業獎助，另對於接受職業訓練期間之失業勞工，並發給職業訓練生活津貼及失業被保險人健保費補助等保障，以安定其失業期間之基本生活，並協助其儘速再就業。

國民年金

主要目的在於保障年滿25歲以上、未滿65歲，且未參加軍、公教、勞、農保的國民納入社會安全網，使其在老年、生育、身心障礙甚至死亡時，被保險人及其遺屬能獲得適足的基本經濟生活保障。

＊另外依職業別還有軍人保險、公教人員保險及農民健康保險

醫療保障

因生病或受傷
而需要住院或手術時
給付的費用
如醫療保險、
癌症保險等

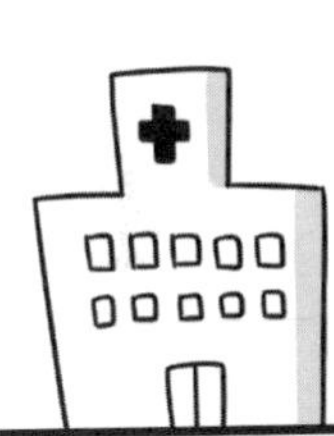

死亡保障

保險人身故時
保險公司
給付的金錢
像是終身保險、
定期保險、
附定期保險的
終身保險、養老保險

老年保障

確保老年生活費的保障
如養老保險、
個人年金保險
生存保險等

鳥居小姐的話，
只需要醫療保障喔！
不需要死亡保障和老年保障嗎？
哦
咦？只要這個？
首先說明為什麼不需要死亡保障…
因為鳥居小姐萬一怎麼了，並沒有人會因此困擾。

啊…好、好過分！
這是我28年來聽過最過分的話!!
我們明明才剛認識!!
啊
啊，不是這樣，對不起！
不是那個意思啦!!
呃，更正確的說法是之所以不需要死亡保障，是因為「鳥居小姐如果過世，並沒有人會有金錢上的困擾」。
嗚嗚
咦？那倒是真的

比方說鳥居小姐如果結婚生了小孩
先生是家庭主夫
主要賺錢的人是鳥居小姐
那情況就不一樣了
我去買東西了
夫
子
俐落
俐落
這種情況下如果鳥居小姐過世
先生和小孩會面臨嚴重的經濟問題吧
因此鳥居小姐就需要1千萬元以上的死亡保障
飄飄
怎麼辦？
夫
子

原來如此…是這樣啊。不過，如果結婚、成了家庭主婦也不需要死亡保障嘍。
沒錯～如果是自己準備自己的喪禮費用…
只要有存款，就不需要1百萬元左右的死亡保險了。
壽險
這樣啊？
不用了～！
松永小姐，你們家的死亡保障是什麼情況呢？因為有小孩所以買了不少保險嗎？
咦，我們家？
我們家主要賺錢的人雖然是我先生但我也有在工作
所以先生萬一怎麼了，我也可以努力賺錢養小孩。所以是買了1千萬元的人壽保險喔。
安心吧
媽媽
嗯，松永小姐這樣應該剛好。
家庭狀況不同，需要的死亡保障金額也不一樣。我們來看一下標準。

家庭收入主要來源者過世時所需的理賠保障金額建議

孩子人數	需要的保障額度
無	300～500 萬
2 人以下	500～800 萬
2 人以下	800～1000 萬

※註：每個家庭經濟情況不同、是否有其他收入來源以及房貸金額也是考慮因素

死亡保障的主要種類

定期保險

限定保障期間為○年、到○歲為止的型態。只有在這期間內身故，才能領取保險金，中途解約，就無法領回任何錢，因此保費很便宜。

終身保險

保障期間直到身故為止的型態。不論是40歲或90歲身故，都能領取保險金。此外，由於中途解約也能拿回一定金額，所以保費很高。

附定期保險的終身保險

終身保險中以特約方式加入定期保險的類型。例如，如果在65歲前身故，保險金的金額比定期保險高，但如果在這期間之後過世，就適用於終身保險，保險金也因此銳減。分為保險金一直固定的「全期型」，以及屆滿定期後調整保費的「更新型」。

養老保險

被保險人在保障期間內死亡，或於保險期間屆滿仍生存，保險公司都會支付保險金。由於具有儲蓄功能，所以保費很高。

雖然統稱為死亡保障，但種類有好幾種喔。保險種類不同，每個月的給付金額也不一樣，所以必須慎重選擇。

我老公的
死亡保險
是定期
保障，
但父母說
付了錢
都拿不回來
很可惜⋯
不行喔
為什麼要保這種

不過，定期保險和終身保險、
養老保險的保費，
差了五倍以上耶！
因為父母那一輩的人
加入壽險的時期
利率非常好，
期滿時所領回的保險金
比起支付的壽險保費多很多，
所以，他們才會這麼說。

就我來說，
現在的時代是保險歸保險、
儲蓄歸儲蓄，
如果能以便宜的保費
獲得必要保障，
我覺得沒問題。
保險
NT

我們再回到
鳥居小姐需要的
保障這個話題。
妳也不需要
儲蓄性高的
老年保障喔。
如果有錢，
買老年保險
不如存下來
或做投資！

那麼，
我們接下來再來看
鳥居小姐需要的
醫療保險。
麻煩妳了⋯

醫療保險不只是
像鳥居小姐這樣的
單身女性需要
包括家庭主婦、
職業婦女
任何人
都最好加入喔
接下來我們來看
該加入什麼
醫療保險比較好
的重點
單身
職業婦女
家庭主婦

醫療保險的選擇方式

① 保障期間

分為保障持續到死亡為止、保費固定的「終身型」，以及一定期間期滿就調高保費的「定期型」。建議購買保障終身的終身型。終身型又分為，保費須支付至〇歲為止的類型，以及付到死亡為止的終身付費型。支付到〇歲為止的類型，每個月的保費較高，但老了之後不必支付保費是其優點；終身付費型的優點，則是能壓低每個月的保費。

② 住院一天的給付金額

住院日額也就是住院一天的給付金額標準，日額越高保費越高。保險額度依個人所得及家庭負擔情況不同，原則上可用最低金額思考。

③ 住院第幾天才能拿到給付金

有的是當天回家也能領取，有的是一定要住院5天以後才能領取，加入時要確認。而當然是住院當天回家也能領取的種類為佳。

④ 有無特約

所謂特約，是指加入醫療保障或死亡保障等選項。雖然可以讓保障內容更完整，但保費也會因此增加。「女性疾病特約」很受歡迎。這種特約是指在女性罹患乳癌或子宮癌等女性特有疾病時，保險金會增加。

⑤ 單獨購買醫療保險

醫療保險有時候也會以特約方式附在壽險裡。不過，這種情況下，如果孩子長大獨立，自己想中止壽險時，就無法單獨留下醫療保險，這點必須注意。為了方便調整保險，醫療保險最好是單獨購買。

如何?鳥居小姐有看出自己需要的醫療保險是哪一種了嗎?
有!
因為我會擔心子宮的疾病,所以要加女性疾病特約⋯然後,要選擇保障終身的終身型,保費付到60歲為止的類型。
嚴謹
喔
因為我這個年紀的人不知道將來會領到多少年金⋯
生氣
所以要在還算健康時付完保費。
嗯,我覺得不錯!
我想也有人可能因為保險公司有認識的人就在受鼓吹之下買了高額保險
我們有很好的保險喔
對!
我老公就是這樣!
他結婚前買的保險,每個月要支付超過5千元的保費,我真是嚇到了。
真的嗎!?
我馬上要他解約現在只剩最低限度的保障所以保費也只剩一半左右
??

有人說
保險是僅次於買房子的
昂貴購物

松永小姐的老公
當初要是
持續付那樣的保費…

一直持續
月付5千元
付四十年的話…
總金額是
240萬！
噠噠噠
噠

現在因為
只付一半
左右，
四十年的
支付總額是
120萬。
喔…
差那麼多…
太好了…

都可以
買一輛
高級車
了！
相同的
保障內容，
保險公司不同
保費也有差。
要做好功課
再買喔！
做得好！
嗯
話說回來，
投保醫療險的年紀愈輕
保費愈便宜。
所以快過生日的人要早點加入喔！

關於打扮

服裝打扮

我來了。
…咦？
喲，妳好。

嗯…？
嗯？
瞄
瞄
瞄
幹麼一直打量我，想吵架嗎？

不是…
松永小姐穿的這件裙子，
應該是前年左右我們一起買的吧？

耶？嗯，是啊。
這件很貴呢。
好好！適合！
對吧，很漂亮吧
3萬塊喔
貴
不過店員說這是基本款，可以常穿，我就狠下心買了。

今年也要穿個夠本！
好奇怪啊～
怎麼…
不太一樣啊…

咦？怎麼啦？
呃…妳可以不要生氣聽我說嗎？
我當然不生氣，妳說吧！
那我說嘍！

不適合妳喔！
這件裙子。

什麼——!?
妳那個時候說適合是騙我的!!
不是啦!!!
氣!!

一直到去年我都還覺得適合啊。
好奇怪啊～
真的？真的不合適？妳不是故意找我麻煩？
嗚…
嗚
嗚

真的很抱歉…去年還…
哇——
怎麼會這樣啦——

可惡，我想脫掉，我想在這裡脫掉裙子！好，來脫吧。
幸好我今天穿了老公的四角褲脫掉裙子看起來也很像穿短褲吧…
唰
等等!!!
不過，四角褲!?

請妳冷靜松永小姐，不要迷失自己啊！
那我現在去買衣服。
呼呼
啜泣

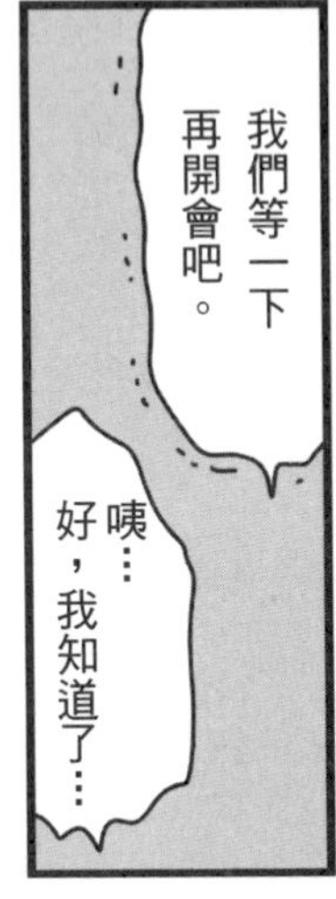
我們等一下再開會吧。
咦…好，我知道了…

兩小時後⋯
窸窣

驚動各位了。
我是全新的松永，請多指教。
呼
心情變了⋯
總算搞定⋯

不過
真是太丟臉了！
呼
坐下
對不起，因為我的一句話變成這樣⋯

不過聽妳這麼說我才發覺⋯
那件裙子⋯真的不適合我。
沒有錯!!

對對對，那種事⋯⋯
事到如今就算了!!
妳也太淚光閃閃了
雖然不想承認，但搞不好是⋯⋯
抖

年紀⋯
的關係吧。

＊依據每個人與生俱來的瞳孔、皮膚、頭髮顏色和質感等，從「春（亮麗型）」「夏（水型）」「秋（大地型）」「冬（水晶型）」中，診斷出最能讓一個人變得亮眼的顏色。

一般人都只注意到小腹和上手臂。
線條俐落
但如果裙子要穿得好看，膝蓋上不能有贅肉!!
雖然我也沒資格說人家啦。
年紀一大，脂肪自然會堆積。
凸出

還有雖然說是基本款的裙子…
但一般說的「基本款」，從某個角度來看都不是喔。
肯定

不是喔！也沒有所謂「一輩子的配件」。
對。

像是參加婚喪喜慶戴的珍珠項鍊就是。
耶？等等！這話怎麼說？

雜誌上不是都會有相關專題嗎？
只要備齊這個基本款就安心
買進穿一輩子的大衣
像是「只要備齊這個基本款」或是「穿一輩子的大衣」。
對啦，的確是有看起來像基本款的商品啦，
像是簡單的毛衣或是風衣。
嗯 嗯 嗯

不過，這些商品每年的剪裁都會有些微不同
像是胸口稍微再開一點
領子變得小一點…

因此，過了幾年後，不管如何，看起來都會有點土氣。
兩年前買的毛衣為什麼感覺很土…？
咦？
確實有過這種經驗…
有有有
原來如此啊…!!

我…我一直被基本款或是穿一輩子等的詞彙給耍了!!
會覺得買了那些東西就安心！不過看來也不是這樣啊。
基本款
我被耍了!!

沒錯！
頂多只能說是很像基本款。
因為形式很簡單
所以很難注意到

這樣很好啊。妳注意到那件像基本款的裙子不適合自己。
沒錯。因為路上實在有太多人穿著不合自己體型和年紀的衣服。
？

甚至還有人覺得如果穿給年輕人穿的衣服，自己看起來也會比較年輕!!
比方說…什麼樣的打扮呢？
糟
感慨

簡單舉例的話像是…
沖浪風
裝可愛風
嬉皮風
這種打扮的人

當然有些上年紀的人也是能將這幾類風格穿得很到位…但只有能客觀選擇適合自己的顏色、材質和剪裁的人才能做得到。
客觀選擇顏色和材質…
完全沒有自信
NG
不這麼穿
就沒有夏天的感覺
肉肉的
AROUND 30
如果這麼穿只是想「看起來年輕」或是「繼續保持年輕時的風格」，看起來就不適合。

我以前還會想，「那個歐巴桑真愛裝年輕，好糟喔」，結果自己也變成別人會這麼想的年紀了…
哎呀～
訕笑
乾笑

之前的衣服突然變得不適合有什麼具體原因嗎？
是啊…
對啊…

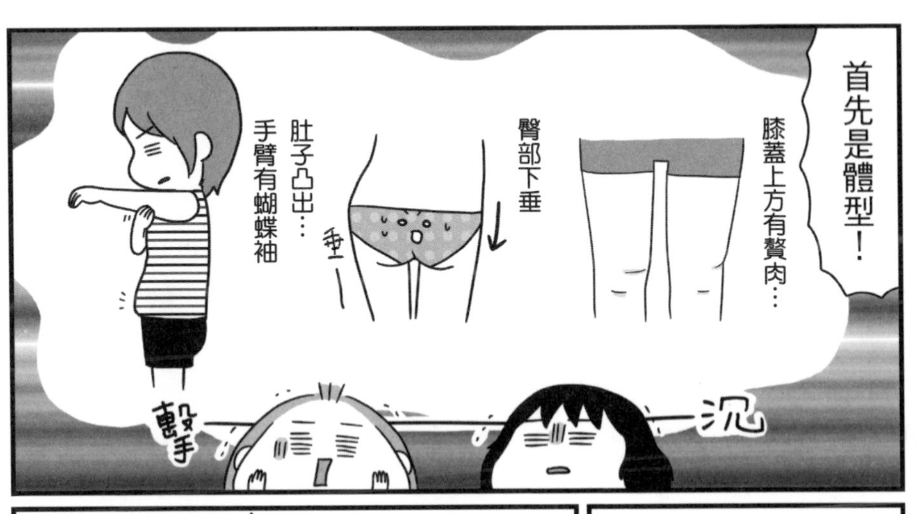
首先是體型！
膝蓋上方有贅肉…
臀部下垂
垂
肚子凸出…
手臂有蝴蝶袖
沉
擊

其實
即使只是
一件T恤，
針對十幾
歲的人
或是20、
30幾歲的人
所設計的版型
都不一樣。

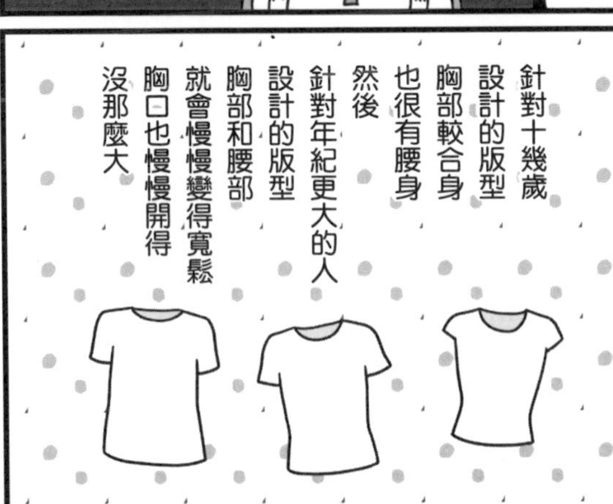
針對十幾歲
設計的版型
胸部較合身
也很有腰身
然後
針對年紀更大的人
設計的版型
胸部和腰部
就會慢慢變得寬鬆
胸口也慢慢開得
沒那麼大

所以
給年輕人穿的品牌，
這個年紀穿
就不是很適合了吧。
橫紋
凸出
是啊
這樣
碎
…我覺得
年紀變大了
真是很悲哀…
淚
淚
淚
以前喜歡的
服裝品牌，
現在都變得
不適合了。
松永小姐!!

不要這麼悲觀喔！
如果是大公司會保留同樣的風格。
下至10多歲
上至40歲
都有商品
依據不同年齡層來發展品牌喔！
我負責的是20幾歲
40幾歲
30幾歲
10幾歲

已經長這麼大了⋯⋯
之前謝謝你
它會引導消費者在不穿某個品牌後接下來就可改穿另一個品牌
之後麻煩你了!!
讓妳久等了
我負責的是30幾歲的消費者

原來如此。
也就是說可以找到自己喜歡的風格又符合體型和年齡的衣服。
看到光了!!
而且，年紀大了後很棒喔！
因為會變得很適合那些品牌的套裝和洋裝喔！
呵呵呵

From：地址：

姓名：

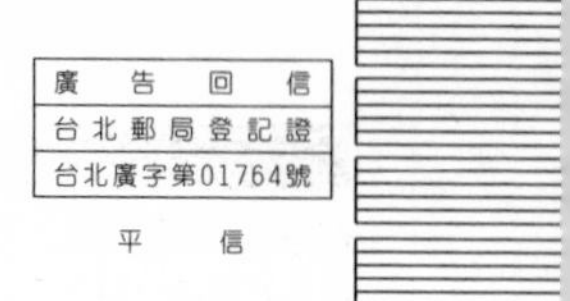

地址：台北市10445中山區中山北路二段26巷2號2樓
電話：（02）25621383 傳真：（02）25818761
E-mail：titan3@ms22.hinet.net

大田精美小禮物等著你！

只要在回函卡背面留下正確的姓名、E-mail和聯絡地址，
並寄回大田出版社，
你有機會得到大田精美的小禮物！
得獎名單每雙月10日，
將公布於大田出版「編輯病」部落格，
請密切注意！

大田編輯病部落格：http：//titan3.pixnet.net/blog/

智 慧 與 美 麗 的 許 諾 之 地

讀 者 回 函

你可能是各種年齡、各種職業、各種學校、各種收入的代表，
這些社會身分雖然不重要，但是，我們希望在下一本書中也能找到你。

名字／＿＿＿＿＿＿ 性別／□女 □男 出生／＿＿＿年＿＿＿月＿＿＿日

教育程度／

職業：□ 學生□ 教師□ 內勤職員□ 家庭主婦 □ SOHO 族□ 企業主管
□ 服務業□ 製造業□ 醫藥護理□ 軍警□ 資訊業□ 銷售業務
□ 其他＿＿＿＿＿＿

E-mail/＿＿＿＿＿＿ 電話／＿＿＿＿＿＿

聯絡地址：

你如何發現這本書的？ 書名：

□書店閒逛時＿＿＿＿書店 □不小心在網路書站看到（哪一家網路書店？）＿＿＿＿

□朋友的男朋友（女朋友）灑狗血推薦 □大田電子報或編輯病部落格 □大田 FB 粉絲專頁

□部落格版主推薦＿＿＿＿＿＿

□其他各種可能，是編輯沒想到的＿＿＿＿＿＿

你或許常常愛上新的咖啡廣告、新的偶像明星、新的衣服、新的香水……
但是，你怎麼愛上一本新書的？

□我覺得還滿便宜的啦！ □我被內容感動 □我對本書作者的作品有蒐集癖

□我最喜歡有贈品的書 □老實講「貴出版社」的整體包裝還滿合我意的 □以上皆非

□可能還有其他說法，請告訴我們你的說法

＿＿＿＿＿＿

你一定有不同凡響的閱讀嗜好，請告訴我們：

□哲學 □心理學 □宗教 □自然生態 □流行趨勢 □醫療保健 □ 財經企管□ 史地□ 傳記
□ 文學□ 散文□ 原住民 □ 小說□ 親子叢書□ 休閒旅遊□ 其他＿＿＿＿＿＿

你對於紙本書以及電子書一起出版時，你會先選擇購買

□ 紙本書□ 電子書□ 其他＿＿＿＿＿＿

如果本書出版電子版，你會購買嗎？

□ 會□ 不會□ 其他＿＿＿＿＿＿

你認為電子書有哪些品項讓你想要購買？

□ 純文學小說□ 輕小說□ 圖文書□ 旅遊資訊□ 心理勵志□ 語言學習□ 美容保養
□ 服裝搭配□ 攝影□ 寵物□ 其他＿＿＿＿＿＿

請說出對本書的其他意見：

大田出版有限公司編輯部 感謝您！

一流…
品牌的…
洋裝…!?

因為一流品牌的服裝是考量過人的年紀和歷練所設計出來的，那些年輕女孩穿起來也不適合。
沒錯沒錯。十多歲的女孩穿起來，誰都看不出衣服有那麼高的價值。
大人的特權!!

喔，這樣…!!覺得看到希望了。
那麼…考量到體型的話，之後選擇衣服時到底要注意哪些事…
坐立不安
雖然只是選擇衣服但也很不擅長

確實如此，體型的煩惱靠著年輕和氣勢可以彌補
這個鼓鼓的手臂因為年輕…
咦?
下垂~
但有了點年紀後有些部分就很難美化處理

由於細節變得很重要，就讓我們從各種體型的煩惱來看看OK和NG的服裝吧！
當然年輕女孩也能參考喔！

小腹凸出

自然隱藏住小腹，巧妙強調腰身

◎隱藏小腹的魔術效果！

多層次的設計

直筒曲線

自曝其短的剪裁

從肩膀到身體膨起來衣角稍微往內收的剪裁

斗篷

海軍褲

◎用斜線效果和不對稱效果打造俐落線條！

長而粗的皮帶

★讓皮帶斜斜掉在髖骨左右的位置而且以不對稱的方式繫好

低腰裙或低腰褲

紡錘形

中央膨起來的剪裁

×NG服裝

×讓腹部凸出的情況更顯眼

打了碎褶或活褶的裙褲

×增加腹部的分量感

太強調腰部的裙褲

褲襠太長的褲子

腰太粗

收腰，巧妙以分量感製造出腰線

◎腰部下襬往外展開的對比效果

有腰部裝飾短裙的衣服

腰部下方向外張開或有皺邊飾的衣服

腰線收緊的上衣

★最好是在腰部的上方收緊

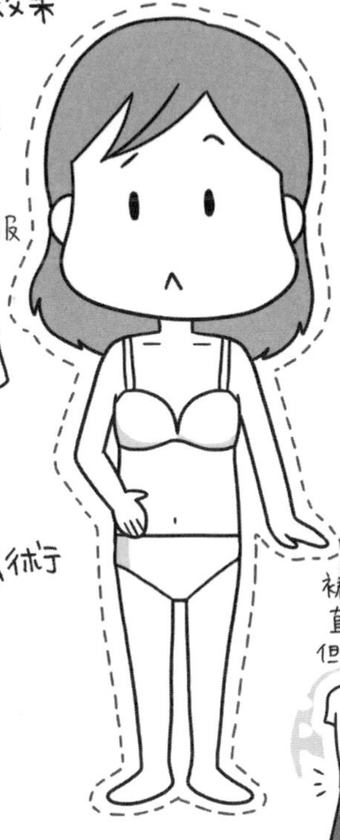

◎隱藏腰部的魔術

垂直曲線

自曝其短的剪裁

紡錘形

斗篷

多層次風的設計

◎做出擬真腰線

腰部有X線條的上衣

◎裙襬加寬的對比效果

喇叭裙

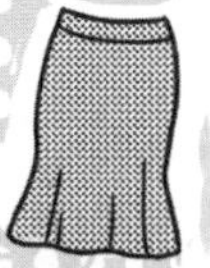

魚尾裙

裙子的設計是直到膝蓋位置都合身但以下是往外展開

◎強調腰部

打造腰線粗皮帶

×明明想掩飾卻顯得笨重

腰部有膨起感的上衣

布料特意堆疊的設計

不長不短的上衣

★注意膨起的分量和位置

腳太粗

褲子和裙子的長度，不要切在腳最粗的位置

◎用對比效果讓腳看起來更細

小喇叭褲
台形裙

★下半身的剪裁看起來不要太重

◎強調直線

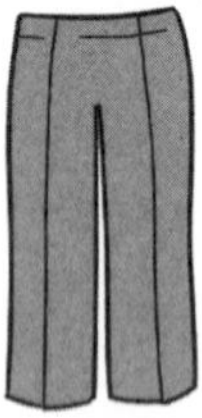

中線褲

↑褲子中央有熨線

◎用魔術效果讓腳看起來纖細

直筒七分褲
直筒八分褲
卡布里七分褲

褲長位於腳比較細的位置

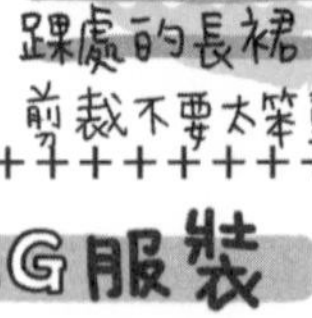

◎呈現安定感鞋子和腳取得平衡

楔型底鞋
粗跟鞋

◎用深色絲襪、緊身褲襪塑造收斂感

★如果是黑色這種過深的顏色看起來會顯得太笨重，要注意

不對稱的裙子

裙長落在較纖細的腳踝處的長裙…

★整體的剪裁不要太笨重

◎以斜線塑造俐落感

靴長落於腳部較細位置的靴子

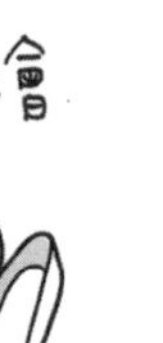

✕NG服裝

✕讓視線落在裁切位置

長度落在腳最粗部位的裙子、褲子

✕讓腳因為對比效果看起來更粗

細跟鞋

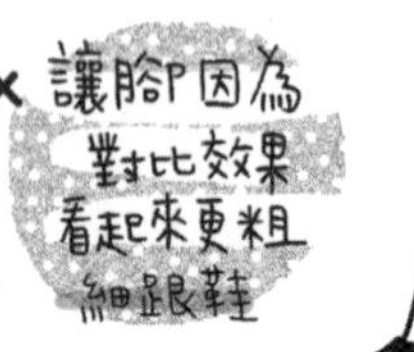

✕腳看起來小就會凸顯出粗

圓頭鞋

↑鞋頭部分呈圓形的鞋子

腳短

注意不要在視覺上橫向切斷從腳到臀部、腰部的曲線

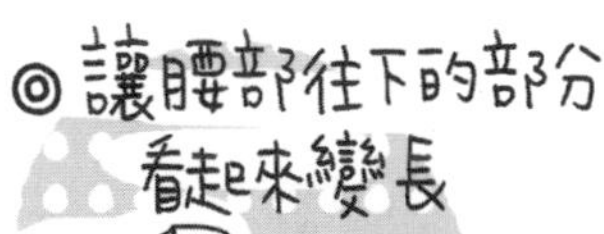

◎讓腰部往下的部分看起來變長

高腰剪裁的設計

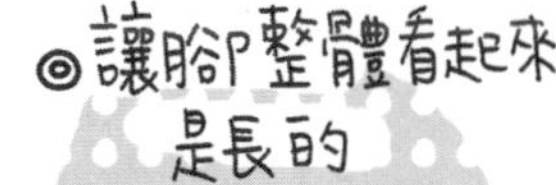

◎讓腳整體看起來是長的

從腳踝到腳尖的線條看起來較長的鞋子、尖頭鞋、高跟鞋

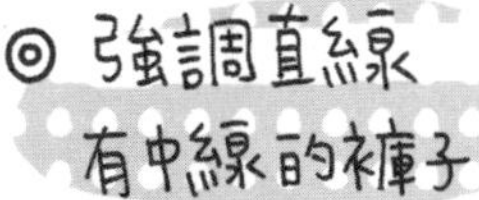

◎強調直線

有中線的褲子

◎在視覺上呈連貫直線的腳長效果

裙子、絲襪（褲襪）、鞋子三者都是同一色系

◎讓長褲胯下的部分看起來比較長

胯上部分較短、臀部高處的位置有口袋或縫線設計的褲子

有直線條的褲子

★不過，要注意直線寬度會影響看起來的感覺

★內搭褲在視覺上會造成橫切感

×NG服裝

×視覺上橫向切斷，看起來會較短

腳背或腳踝有帶子的鞋子

×有分量會看起來比較笨重

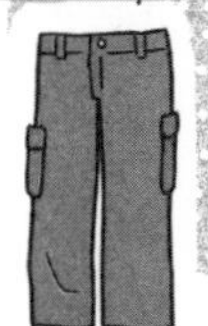

工作裙

飛鼠褲

褲腳或裙腳有皺摺

↳旁邊或下襬抓皺布料呈現花樣與變化的服裝

胸部小

避免太簡單樸素的上衣
選擇能讓胸部增加分量的衣服

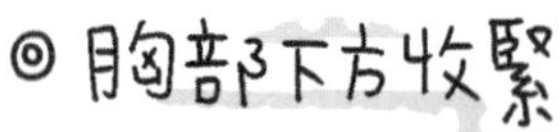

看起來比較有分量

帝政線條（高腰線）胸部下方收緊的樣式

◎用硬挺的素材來掩飾纖弱的部分

有硬挺感和擴張感的材質

◎用裝飾自然地增加分量

胸口有裝飾的上衣

★胸口有附蓋口袋、短褶、活褶、荷葉邊飾層疊、垂墜、蕾絲、蝴蝶結等

×NG服裝

×胸口開太大，單薄感明顯

開襟襯衫

無袖上衣

貼身背心

V領

×肩線內縮 胸部看起來更小

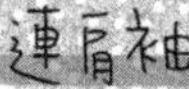

×看起來沒有分量感

呈現單薄感的素材

胸部大

選擇設計簡單的上衣 讓視線從上半身移開

◎強調直線 看起來俐落

直條紋襯衫

★要避免袖長到胸線左右的上衣

◎自然的隱藏胸部

稍微寬鬆的上衣

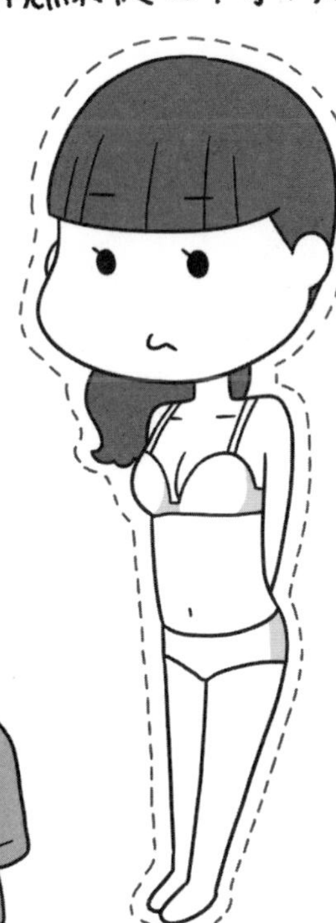

◎讓視線從胸部移開！

有大圖案的上衣

讓人留下印象的衣袖剪裁

在胸部以外的部位配戴飾品

胸口不要開太大的簡單上衣

✕NG服裝

✕看起來太緊的羊毛衫

兩件式針織衫

✕視線集中於胸部

讓胸部成為焦點的飾品

✕看起來有膨脹感的亮色上衣

胸口有裝飾的上衣（蕾絲或縐摺邊飾）

✕羅紋編織的範圍太大會強調出胸口

羅紋編織太小的針織衫和毛衣

大臉

避免強調臉部曲線的打扮
用點巧思讓頸部到胸口的範圍較大

◎頸部到胸口的部分看起來俐落

深U領

寬領

深V領

◎以對比效果讓臉看起來比較小

帽簷較寬
線條不對稱的帽子

大耳環
大片衣領

◎橫向切斷視線

臉長的人可戴粗框眼鏡

×不要讓視線集中於臉部

高翻領、高領、立領

×以對比效果讓臉看起來變大

設計上小而細緻的耳環

脖子粗短

避免圍住脖子的服飾和配件
用點巧思讓頸部到胸口的範圍看起來較大

◎做出A字線來讓頸部顯得俐落

長絲巾

★不要圍住脖子而是讓它自然垂下即可

長項鍊

◎將視線引導至手部

長袖口

◎頸部到胸口的部分看起來俐落

深U領

寬領

深V領

+++

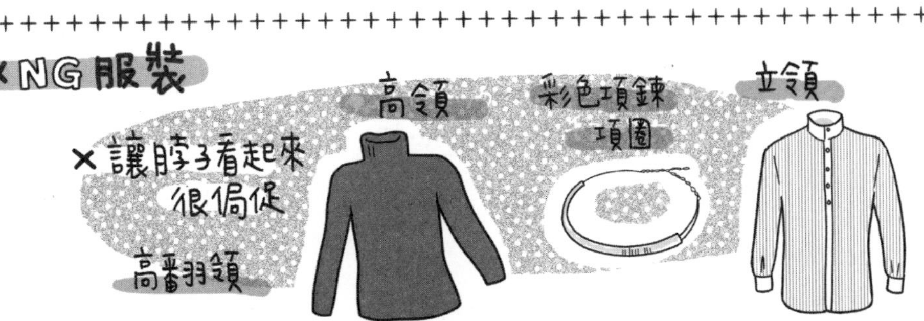

肩膀寬、骨架大

避開強調肩線的設計，選擇有垂墜感的衣服

◎讓視線集中在細緻的鎖骨

領口開得比較大的V字領上衣

◎讓肩膀看起來比較小

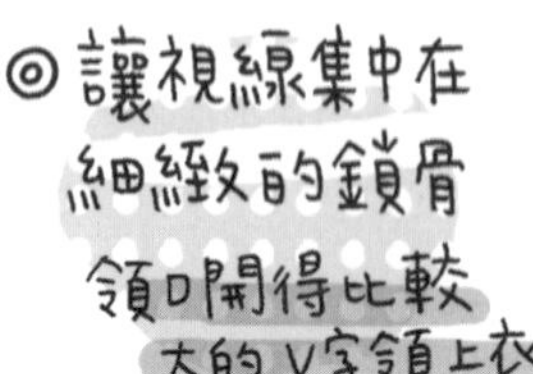

連肩袖

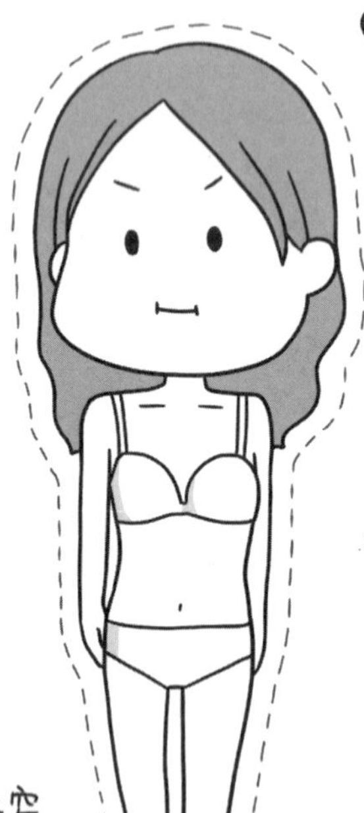

◎製造漂亮的垂墜感

蝙蝠袖

領口深且寬

特徵是與上衣相連的袖子

袖口很窄

◎利用對比效果讓肩膀看起來比較窄

帽簷寬的帽子

帽子的邊

◎讓視線從肩部移開

袖子往袖口展開的5分袖或7分袖

+ +

×NG服裝

×以水平線條強調橫向視覺

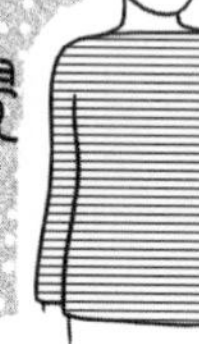

船領線條

一字領

×肩膀較有分量感的設計

法式袖

燈籠袖

泡泡袖

×強調硬挺感

男性化的Polo衫和襯衫

肩膀狹窄、削肩

選擇強調肩膀橫線的設計

◎自然增加肩膀部分的力量!!

泡泡袖

燈籠袖

肩頭有裝飾

碎褶、活褶、皺邊飾、層疊、墜褶、蕾絲、蝴蝶結等

◎用水平線條強調橫向

船領線條

一字領線條

◎利用對比效果讓肩膀看起來較寬

有橫向裝飾的衣服

小片衣領

✕NG服裝

連肩袖

✕讓肩膀看起來較小

大片衣領

✕以對比效果讓肩膀看起來較小

臀部大

只有臀部最高的位置合身，其他部分都要寬鬆

◎利用下襬較寬的對比效果讓臀部看起來較小！

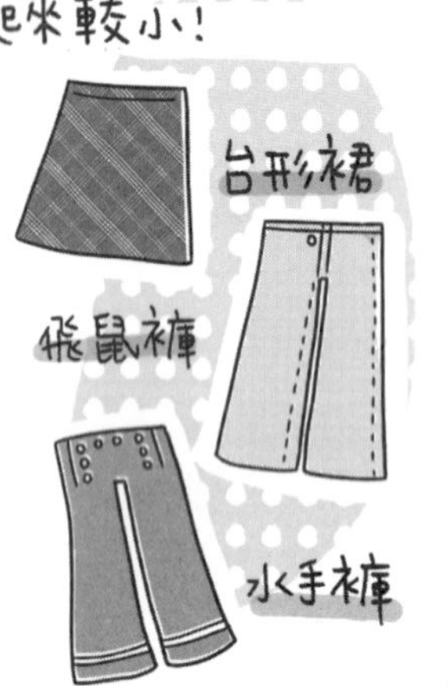

◎利用下襬的剪裁讓視線從臀部移開

直筒七分褲
直筒八分褲
卡布里七分褲

◎讓臀部看起來變小

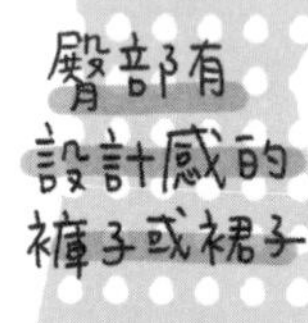

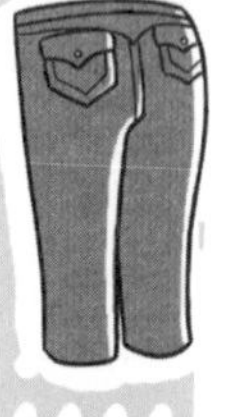

→線條粗細會讓看起來的感覺不同，要謹慎

++

×NG服裝

×直接展現線條

細身褲
煙管褲

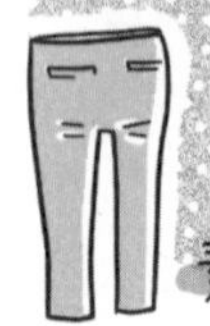

臀部沒有裝飾、素材很平滑的褲子

×強調出臀部的大

細腰帶
褲下太長的褲子
泡泡褲

×視線焦點在臀部

上衣長度剛好切在臀部最胖的位置

上手臂太粗

長度不要切在上手臂最粗的部位
讓視線移至其他位置

◎呈現簡潔俐落感
看起來就瘦！

美式袖

無袖

↳在頸後打結的上衣
上衣前面的布或帶子
感覺像是吊在頸部的衣服

◎讓上手臂不顯眼
以對比效果

卷袖

★要避免上手臂
的位置

◎讓視線集中於
手部下方

袖口有反
摺設計

◎強調縱長，
呈現俐落感

直線條的衣服

★線條粗細看起來
的效果不同 要謹慎！

◎藉由對比效果讓
手臂看起來較細

大包包

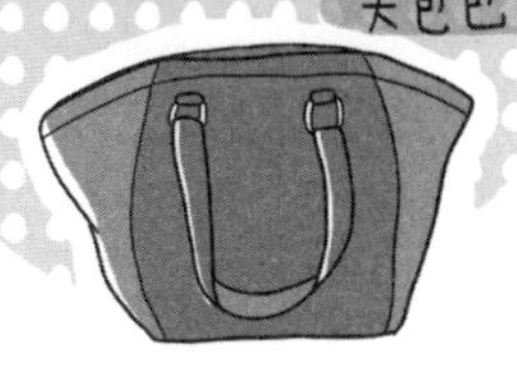

+++++++++++++++++++++++++++++++++++++++

×NG服裝

×視線集中於
上手臂

燈籠袖

手臂線條有裝飾的衣服

法式袖

×在肩頭到上手臂
處製造分量

泡泡袖、燈籠袖

×上手臂的肉肉感被強調出來

手臂太貼身的設計

想掩飾體型的煩惱時
很多人會用「隱藏」的方式
肚子凸出來…
所以
藏起來!!
在意小腿太粗
…藏起來!!

平常的
我
我好像
就是這樣。
雙重隱藏

這種心情雖然可了解，
但活用優點
和隱藏缺點一樣重要。
或者說
更重要喔！

比方說
脖子到胸口的線條
如果很漂亮，
就可穿領口開得
比較大的衣服，
並戴上項鍊以吸引視線。

如果臀部曲線是優點
就穿合身的褲子
不要用上衣蓋住
秀出來
如果小腿粗
但腳踝細的話
就穿直筒七分褲
只秀出腳踝來
隱藏
秀出來

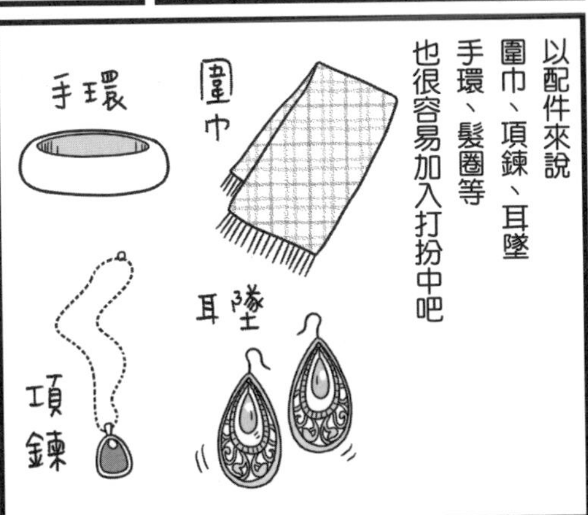

＊咩咩真智子為日本動畫人物。

圍巾的8種圍法

環狀圍法

在脖子後面打個結固定

繞脖子一圈

繞脖子一圈。重點是要圍得鬆鬆的，讓脖子有空間。

阿富汗圍法

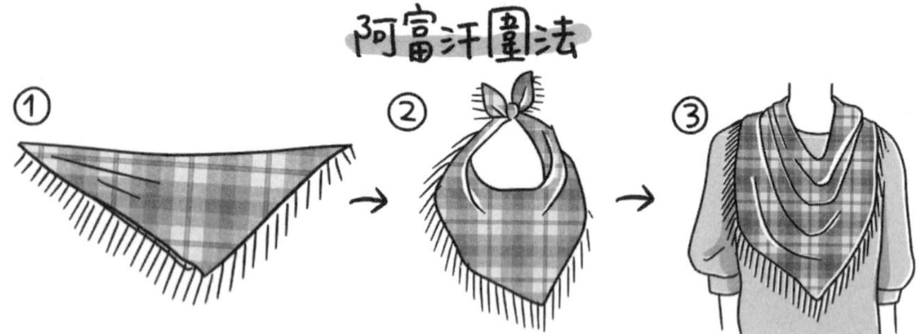

將正方形圍巾摺成三角形，在脖子後面打結固定。讓脖子周圍有空間，前面的部分呈垂墜狀，看起來很漂亮

簡單領結

圍巾繞過脖子，一邊的圍巾在胸口位置打個結。將另一邊圍巾穿過結，再調整形狀即可。

長圍法

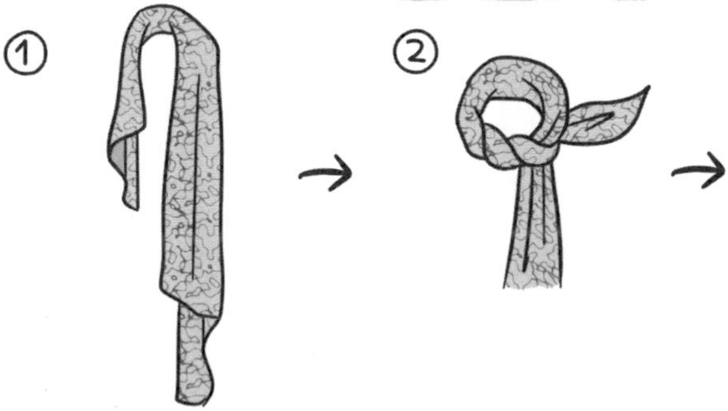

① → ② → ③

圍巾繞過脖子，讓一邊比較長。短的那一邊扭轉個3、4次，從環的下方穿至上方，再調整形狀。

貝殼圍法

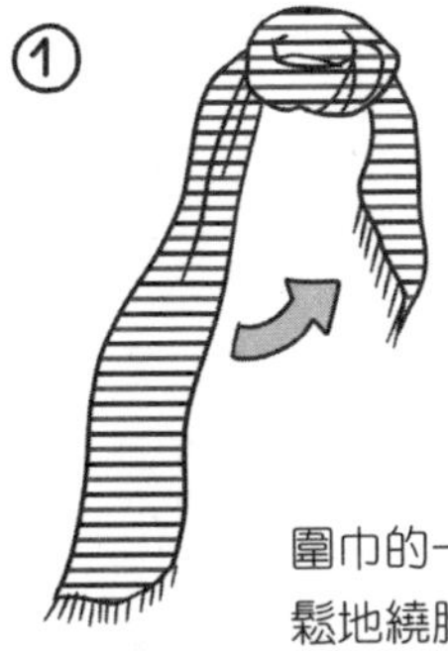

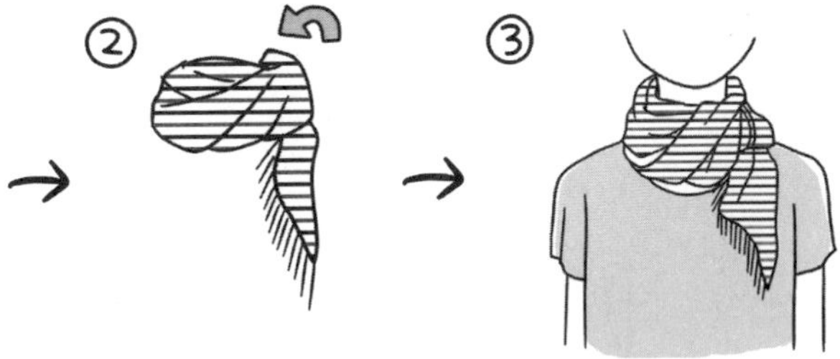

① → ② → ③

圍巾的一邊繞脖子1圈，底部落在胸部左右的位置。另外一邊再鬆鬆地繞脖子幾圈後，塞進內側。

用腰帶固定

圍巾披在肩上，繞著脖子的部分向外摺5～10公分，用腰帶固定。

羊毛衫風

圍巾披在肩上，兩邊的角在身體後頭打結固定。

選擇服裝的基本原則

接下來，
選擇服裝的基本原則
啪
我想說明選擇服裝最基本的原則。
以前妳們有機會學到選擇服裝的原則嗎？
沒…沒有。

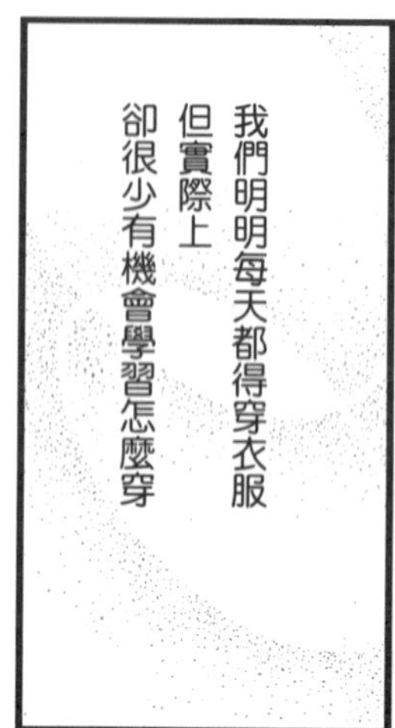
我們明明每天都得穿衣服
但實際上
卻很少有機會學習怎麼穿

選擇服裝的方式也有原則，請確實記住幫助自己。
是！

首先，重要的是確認自己的衣櫥衣服明明很多
沒有可以穿的衣服～
有這種經驗嗎？
有、有非常有！

煩惱很久後，結果還是一直輪著穿那幾件。
我也是!!大概是上衣三件下身三件吧。
or

這是因為沒有購買真正需要的衣服
啊，這件好可愛！
這件也是！
…光只是買衣服而已

仔細一看
條紋
全部的衣服都很像
家裡也有類似的…

這…完全是在說我嘛。
噗
哈哈…
現在不是笑的時候吧!?
不過我也是這樣!!
老師！我們該怎麼辦？
首先，逐一整理家裡的衣櫥。

針織衫
洋裝
襯衫
褲子
先用類別來分，像是T恤、針織衫洋裝、褲子等。
然後，再用顏色來分。

如此一來
黑色T恤有4件
而且全部都是素面ー
長得很像的褲子
有這麼多
而且，現在幾乎都沒在穿!!
就會發現這樣的狀況

既然知道有重複的衣服，就下定決心再也不買同樣的！
然後，丟掉沒在穿的衣服！
捨

丟掉!?
可是，只要一想到哪天可能會再穿，就丟不掉！
或許還有它們出場的機會!!
這種時候請好好想想。
總有一天
……
妳覺得總有一天會穿的衣服，實際上幾乎沒穿過吧？
處分
會再穿

…沒穿過耶。
沒穿過。
所以…兩季都沒穿的衣服就丟掉吧！
此外，穿的時候特別讓人覺得提不起勁的衣服最好也丟了！

能確認自己有什麼衣服後就來個「一個人的服裝秀」試著搭配看看自己的衣服

做了各種搭配後就會有一些發現，像是「如果有條白色褲子會更好搭配吧」或是「如果有一條有圖案的圍巾感覺好像也會不同」

能清楚看出自己缺少什麼單品呢。
對！所以結束後…
突然

血拚解禁!!
終於來了!
解禁

不過，走到這一步真的很需要意志力和體力啊。
啊—道路艱險…
當然!
要漂亮是要努力的!
站起來!!

那麼，
來到店裡也發現和妳目標相近的商品了，接下來要做的事是…?

試穿…?
正確答案!
妳懂了呢鳥居小姐!!
賓果!!

褲子和裙子的話要試穿，但上衣的話不試穿也可以…
哇—
倒下
呵呵

真是荒謬。
沒得說了不敢置信。
講…講得這麼過分…
痛批

我會沉痛反省的…
我的主人不穿我…
真的…
不試穿就買，和賭博有什麼不同!如果衣服不能穿在適合的人身上，也很可憐啊!

不過
試穿時
應該注意
哪些重點？

我總是
確認尺寸好像沒問題了
也覺得適合自己
就會買…

首先，最好把尺寸標示
當成單純的參考標準就好
因為，同樣是M號
牌子不同
大小也會不一樣
M
M
M

那麼
讓我們來
仔細看看
試穿的
幾個重點。
攤開
重點

①準備（穿著）和想買的衣服
搭配的一套服裝
咦——
一下子難度
就這麼高。
不同品牌
的服裝
也沒關係嗎？
沒問題！
店員都已經
習慣這種事了。

如果就是沒辦法做到
光是用相機拍下
想搭配的衣服
也多少有幫助

當然也要
穿上鞋子喔。
試衣間雖然
也有鞋子，
但多半是讓腳看起
來比較長
設計上適合所有人
的高跟鞋，
所以必須注意。
試衣間裡大概都會
放7公分以上的
高跟鞋喔。
咦？
今天我怎麼
穿什麼都好看
這件我買了
難怪在店裡
穿來好看的衣服，
回到家後就馬上
變得很平凡了。
驚
會這樣呢

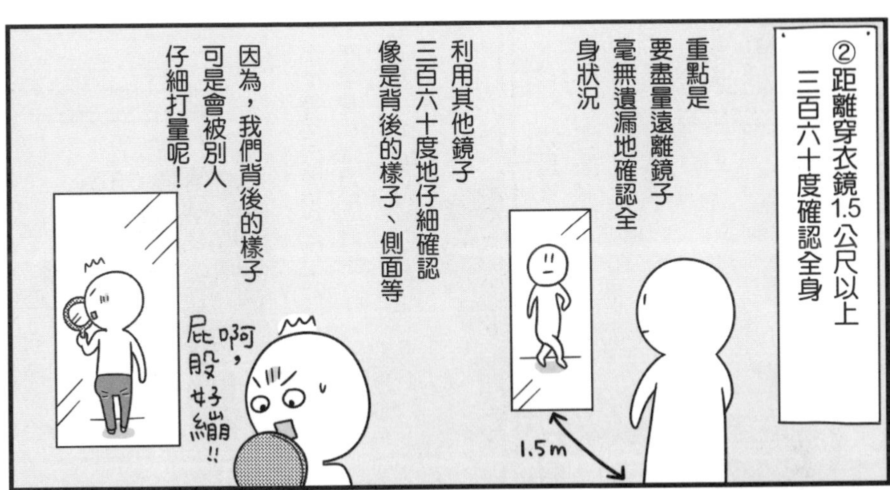

②距離穿衣鏡1.5公尺以上
三百六十度確認全身
重點是
要盡量遠離鏡子
毫無遺漏地確認全
身狀況
1.5m
利用其他鏡子
三百六十度地仔細確認
像是背後的樣子、側面等
因為，我們背後的樣子
可是會被別人
仔細打量呢！
啊，屁股好鬆!!

另外，也要注意的是…
試衣間的鏡子。
有時候，店家會使用
「讓人看起來比較瘦」
的鏡子…

因此，不要忘記
要時常用客觀的眼光
看自己！
剛才提到的七公分
高跟鞋也一樣，
都是魔術效果啊！
太可怕了…!!
不會再被騙了！

在家裡也一樣
要用穿衣鏡
來確認全身。

穿衣鏡…
沒有耶。
我當然也
沒有。
耶!?

沒有穿衣鏡
要怎麼確認
全身的穿著
…？
怎麼確認啊？
就…

上半身用洗臉檯的鏡子
下半身用浴室的鏡子……
好
嗯，很好很好

我是會這麼做喔。
能瞬間看到這個部分
跳!!

……要不要買一面穿衣鏡啊……
是，是……對不起。
泣……

③最少試穿兩個尺寸
肩膀和長度光是差一公分看起來的感覺就差很多喔
少一個尺寸

有些衣服最好刻意選小一號的尺寸！這樣身體線條看起來會更漂亮也會比較瘦
穿得下耶!!

話說回來，我們要怎麼判斷自己適合什麼尺寸呢？
可以參考下面這些確認項目。

試穿時的確認重點

襯衫

肩膀
比肩頭稍微往內一點

袖長
大概在手腕關節處

鈕釦
從鈕釦之間的縫隙看不見內衣

衣痕
盡量不要有多餘的衣痕
（尺寸過大會有直的衣痕，過小會有橫的衣痕）

針織衫・毛衣

肩膀
比肩頭稍微往內一點

袖長
大約在手腕關節處

裙子

腰部
能插入兩根手指
左右的寬鬆程度

褲子

腰部
能插入兩根手指左右的寬鬆度

臀線
內褲線條太清楚的話不行。
相反的，臀線如果太寬鬆，看起來會老氣。

長度
腳踝之下1～2公分

合身度
蹲下來時不會覺得很繃

*這個標準不適用於直筒七分褲或飛鼠褲等

長外套

肩膀
比肩頭稍微往內一點

袖長
手腕關節再往下多1公分長

長度
如果搭配裙子，長度要比裙子稍微長一點。
如果搭配褲子，長度大概是到大腿的一半。

腰帶
比腰部稍微高一點的位置

④盡量請教店員
不必問店員
衣服適不適合自己。
因為店員幾乎
百分之百
都會說適合！

自己明明覺得不合適，
但店員如果還說
「很適合呢」，
會讓人覺得有點生氣。
哇—
超級適合妳耶——
…
讓人覺得
很掃興喔。

所以，要請教店員的是
自己想怎麼搭配這服裝
但平衡感會不會不佳
或是，有沒有建議的
搭配方式等等

然後，如果一件衣服
能有三種以上的搭配
就可以買！

三種搭配很夠了。
我都是…
某件衣服
一定要搭配
哪一件…
要反省。
之後這件襯衫
一定也是每次
都搭配這件
褲子吧…

如果是
這件襯衫
就一定要配
這件褲子的狀態，
不是很可惜嗎？
確實是這樣。
不過…
意外地困難耶。
我也不會嘗試
換穿的搭配。
雖然似乎
很方便
這件就配這件

這種時候不妨可以嘗試各種搭配。
改造前
比方說一件襯衫…
不好意思。
將領子立起來，袖子捲起來，釦子扣的位置換一下，打開釦子，用腰帶強調腰部…
改造後
這樣如何？
哇～太帥了！松永小姐看起來好俐落啊!!
大人ー
這真是太厲害了！
很不一樣吧？真的是變得時髦很多！
哦哦
很不錯耶!!
如果是用功的店員，一定有很多有所幫助的點子，所以一定要試著請教看看。
最後我還有一個問題…
流行性很強的衣服該怎麼買…
因為已經有點年紀了，我會覺得一定要買符合自己年紀的好東西。但如果當它不再流行就不能再穿了。想到這點，我就買不下手。
哈哈，我們可沒說一定要全身都穿名牌服裝喔～
我也有很便宜的衣服喔
咦！是這樣嗎？原來是這樣啊，太好了！
安心了。
正因為是流行單品，所以更要聰明利用便宜商品喔。因為只穿一季，盡量穿之後，就要淘汰了…

不過，這種狀況
要注意的是
「全身上下只能有一件
便宜單品」。
本來打算
用很多－

只穿一件的話
別人很難發現
但如果全身都是…
會馬上讓人覺得是
很廉價的搭配！
鬆垮
¥2980
¥1980
¥2100
皺巴巴
廉－價

原來如此～
以後
要更聰明地
使用流行單品。
啊，對了…

既然聊到便宜衣服，
那也稍微聊一下
好東西好了。
大約25歲之後
使用好東西
是非常重要的事。
不只是服裝，
還包括包包、鞋子、首飾等。

精神奕奕
當穿戴著好東西
心情也會變得更好吧？
會！
會！

整天都會
覺得心情很好。
沒錯！
好東西
有讓我們
發光的力量。
呵呵
嗯嗯

一開始
可能會覺得
不好意思
或是
顯得有點笨拙…
好東西…

身上穿戴的東西
是為了表現自己內在的
一種包裝

服裝是能
大大左右
一個人形象的
元素之一。
今後
也希望妳們
記住這件事，
然後享受穿著
打扮的樂趣！
好！
我們會努力!!

幾天後，兩人幫忙
整理彼此的衣櫥，但是…
閉——嘴!!!

為什麼要我閉嘴！
妳都幾歲了？
請不要再買這樣的衣服了！
這是家居服啦!!
很溫暖喔!!
妳給我脫掉!!

那妳穿的那個
又是什麼？
妳現在穿的T恤不對吧。
不對，不對。

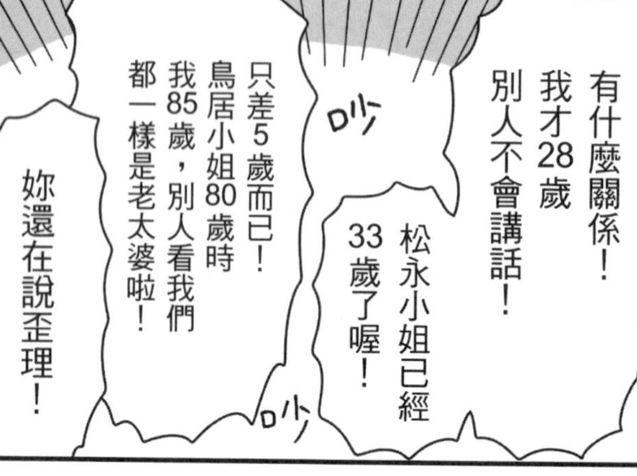
有什麼關係！
我才28歲
別人不會講話！
松永小姐已經
33歲了喔！
吵
只差5歲而已！
鳥居小姐80歲時
我85歲，別人看我們
都一樣是老太婆啦！
吵
妳還在說歪理！

丟掉!!
啊，
妳給我等一下
我們的服裝研究
好像還會持續下去…

關於美容 皮膚

皮膚

歡迎光臨～
哈哈哈！
呵呵呵！
2011 Spring

今天
我為了迎接新季節
來看看
有什麼新化妝品

妳好。
歡迎光臨～我們有很多春天的新色口紅，請看看。
2011 Spring
彩妝

嗯…這個顏色是新的嗎？
是的 請試試看
轉

怎麼樣呢…馬上就來試。
今年春天 我要用什麼顏色 來妝點自己呢…

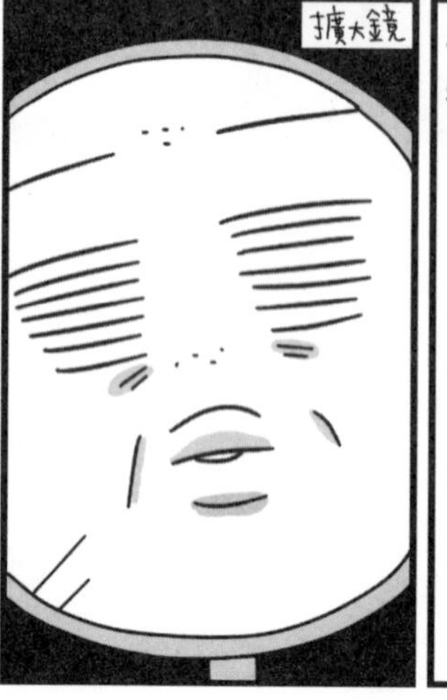
擴大鏡

啊啊啊啊啊啊啊啊！
小姐－!?

松永小姐…
這是…

皮膚狀態的分水嶺嗎？
我居然滿臉皺紋…？
喔！
鳥居小姐終於也走到這一步了。
嘿嘿嘿！

我大概也是在鳥居小姐這個年齡左右吧，感受到了自己皮膚的改變。
咦…
笑完後這些紋路怎麼還在…!?
松永28歲
真懷念～
松永小姐在遇到皮膚狀態的分水嶺時是怎麼面對的？

哎～很辛苦啊。
因為，說到我的分水嶺…

根本是完全沒有預告的髮夾彎啊。
就像是重大事故的感覺。
啊，很焦慮
我那時候真的很焦慮～…
哇哇
皮膚的急轉彎
常發生事故
是個急轉彎嗎…
什麼！

不過
雖然這麼說⋯
現在松永小姐的皮膚
完全沒問題啊。
謝⋯謝謝
瞪
瞪

嗯，因為
我有個皮膚專家
總是會幫我注意啊～
滑～溜
咦!!

妳居然
有那樣的後盾⋯
好賊啊!!!
皺紋
請趕快
帶我去那裡啊!!
如果
不快點就要
發生災難了!!!
好好，
那我們來去吧～

野村皮膚科醫院

哎呀！
歡迎光臨～
呵呵呵！

妳們終於
來了呢～
開心～
喔喔，
好開朗的醫生⋯
野村皮膚科醫院
野村院長

…而且膚色真的好明亮！
呵哈哈哈
嗯嗯

我更有信心了！請快點接受我的諮詢…
鳥居小姐交給我吧，我會詳細說明的。

醫生，鳥居小姐滿臉都是皺紋，好可憐啊！請妳幫幫她！
真的滿臉皺紋妳看!!
打～
擊手
哎呀，真的耶。
鳥居小姐，妳在意自己皮膚的哪些問題呢？

這個麼…像是臉部乾燥和毛孔還有黑斑我都很在意…但不知該怎麼辦才好？
沮喪

確實如此。很多跟鳥居小姐差不多年紀的人都會感受到這些皮膚問題。
就是這樣
喔～
就是這樣
嗯…有種突然受到衝擊的感覺。

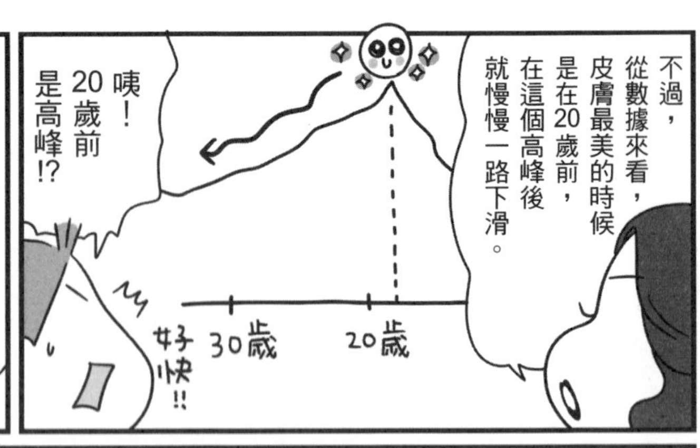
不過，從數據來看，皮膚最美的時候是在20歲前，在這個高峰後就慢慢一路下滑。
20歲
30歲
好快!!
咦！20歲前是高峰!?

嗯，所以如果覺得「皮膚狀況不太好」，最好早點保養喔。

鳥居小姐剛才說的狀況麼⋯
並沒有什麼特別保養方法能戲劇性地讓皮膚變得漂亮。
耶!?
打一擊
⋯是這樣嗎!?那我應該怎麼做？
高級化妝水
高級肥皂
咚

我們能做的事就是確實洗去臉上的汙垢然後確實補充不足的部分

⋯⋯?
茫然
那個⋯將松永小姐從髮夾彎救回來的是醫生嗎？
到底是怎麼指導的⋯?
喂，妳這傢伙！

妳還不知道嗎！
醫生想說的是「只要每天確實做好保養，就能有美麗的肌膚了」！
怒——
變臉
對吧～醫生？
是…妳說得對。

三百六十五天都要為了維持肌膚美麗而拚命努力。
髮夾彎是什麼啊…？
造成阻礙的就是自己。
就是妳啦…
什麼！

不確實洗臉
先好睡再說
或是相反的洗得過頭
刷刷洗洗
喔！…還要再洗兩遍喔～
沒有給皮膚所需要的必要成分
維生素…
乾巴巴
給太多也不好
我吃飽了
夠了…
營養
營養

睡眠不足也是大敵!!
關於這一點，松永小姐妳最近也沒有好好睡吧!?
侷促
不安

好好聽皮膚的聲音
持續老老實實地做好適當保養
皮膚也會確實回應妳喔
嗯嗯

原來如此！那麼松永小姐也沒有做什麼特別的保養嘍？
無論如何，
呵呵
我就只是遵從老師所教的方法洗臉和使用基礎保養品而已。
無論什麼事，基礎都很重要!!
保養皮膚也沒有例外喔。

這樣說起來，我是…
暴飲暴食
早上睡到翻
忘了洗臉後上化妝水
忘了洗臉
啊——真是糟糕。

我會針對以下六個項目詳細說明，請確實做好基本，每天好好保養喔。
好!!

正確卸妝

前往136頁！

卸妝產品的作用只是卸除彩妝，但很多人卻想連毛孔髒汙都洗掉，使用它用力地洗臉。為了在短時間內徹底清潔，重點彩妝的卸妝很重要。

正確洗臉

前往138頁！

洗面乳沒有發泡就直接塗在臉上的人，以及擔心洗不乾淨，搓洗個十幾次的人，都要注意。錯誤的知識會成為皮膚乾燥的原因，請再一次確認自己的洗臉方式。

臉部保養的原則

前往140頁！

妳用的是符合自己膚質的保養品嗎？
此外，使用同樣保養品，只要花點工夫，就能提升效果。這部分也會解說毛孔變粗、黑斑、痘痘等困擾的預防和處理方法。

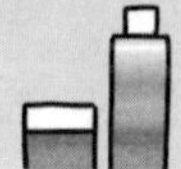

皮膚保養的根本原則

「十多歲時的彈力不見了」「臉上多出好多黑斑」，很遺憾的是，隨著年齡增加，皮膚確實會變差。不過，如果好好保養的話，就能減緩它的速度。請及早開始正確保養，以不靠化妝就很美的皮膚為目標！

身體保養的原則

前往156頁！

全身皮膚都漂亮，是成熟女性應有的修養。不只是臉，也請留意身體肌膚。書中也會介紹手肘和膝蓋等關節的黑色素沉澱、腳踝皸裂、曬黑等的保養。

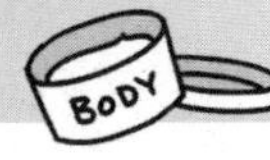

保養指甲的原則

前往160頁！

指甲要重生、改變需要時間，所以保養指甲很重要，請確認剪指甲和卸指甲油的正確方法。書中也提到如何以指尖按摩來防止指甲老化。

除毛的原則

前往163頁！

拔、剃、溶化，到底哪種方法最好？
我們會介紹各自的優缺點。化妝效果要提升，也要為臉部正確除毛。

刷得無懈可擊的睫毛、厚厚的唇膏。卸妝雖然確實很重要，但如果只是用力搓洗，對皮膚會造成很大的負擔。為了肌膚著想，卸妝必須多留心。請再次確認、調整自己的卸妝方式。

卸妝須知

一、回到家馬上卸妝

塗在臉上一整天的粉底和蜜粉會氧化，使皮膚老化。請養成習慣，回家後、稍事休息前，請先卸妝。

二、不要使用刺激性強的卸妝產品

建議使用乳狀（凝露、乳液）的卸妝產品。但是，化濃妝的時候，或是容易長青春痘的人，也可以使用洗淨力較強的卸妝油。擦拭型的卸妝產品，因為要擦拭才能卸妝，對皮膚會造成很大的傷害，不可天天使用。

三、不可以用力搓洗

搓洗會造成痘痘惡化以及長斑。請使用指腹，輕柔地在臉上使用卸妝產品。

四、沖洗時要用溫水

盡可能用趨近於自來水本來的溫度沖洗。用熱水洗的話，愈洗愈會把皮膚本來有的水分和油脂都洗掉。

五、快速洗掉

卸妝產品並無法卸去彩妝以外的髒汙（毛孔裡的汙垢等），和彩妝融合後，就可以馬上洗掉。也不可以用卸妝產品按摩臉。

一、卸掉重點彩妝

★睫毛膏

將卸妝產品充分倒在化妝棉上，然後，像是用它夾住睫毛般，從根部朝向前端慢慢卸除。

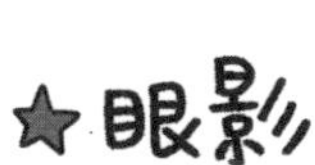

★眼影

將卸妝產品充分倒在化妝棉上，置於眼睛周圍，輕柔撫拭。

★口紅、唇蜜

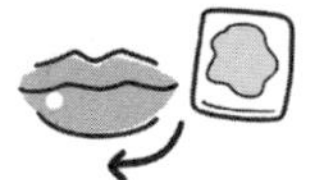

將卸妝產品充分倒在化妝棉上，貼於嘴唇，用指尖像是畫圓般輕輕拭去。

二、卸去臉部整體彩妝

額頭→臉頰→鼻子周圍→嘴巴周圍，以這樣的順序卸妝。使用食指、中指、無名指，輕柔地撫拭，卸除彩妝。

★**額頭** 由中央朝太陽穴方向，畫大大的螺旋。

★**臉頰** 由中間朝向外側，用螺旋狀的方式讓彩妝浮起。

★**鼻子周圍** 手指順著鼻梁至鼻翼的輪廓，上下移動。

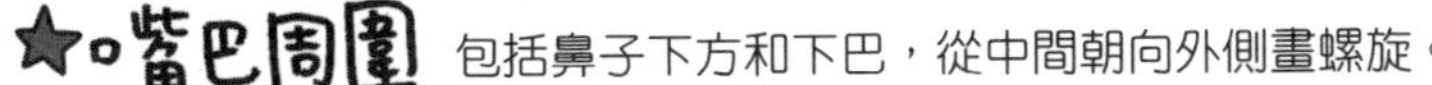

★**嘴巴周圍** 包括鼻子下方和下巴，從中間朝向外側畫螺旋。

三、洗去卸妝產品

以溫水沖個4、5次。不要用手用力搓洗，而是以溫水啪地沖洗臉。就算覺得沒有洗得太乾淨，因為還會洗臉，所以不必洗第二次。接著，就開始洗臉。

很多女性在選擇洗面乳時很認真，但洗臉卻很馬虎。選擇適合自己肌膚的洗面乳當然很重要，但是為了擁有光滑的肌膚，怎麼洗臉也很重要。

洗臉須知

一、一天洗兩次臉

基本上是起床後，和晚上洗澡時這兩次。不過，因人而異，有的人早上光是用溫水洗臉就很足夠。請嘗試一星期，確認哪種方式適合自己。

二、用溫水洗

和卸妝一樣，以自己覺得「會不會太溫了」的溫度洗臉。洗澡的溫度通常是設定為三十八～四十二度，洗臉時要再調降一些。

三、用大量泡沫洗臉

洗面乳一定要搓揉出泡沫才塗於臉上。請確實搓揉出細緻的泡沫。很難搓揉出泡泡的洗面乳，可以使用洗臉用的紗網輔助。

四、快速洗臉

洗面乳接觸臉部的時間一長，肌膚就會失去潤澤。將泡沫塗於臉上後，要在十秒內沖洗掉。

五、讓毛孔打開

為了確實洗去髒汙，洗臉前請先讓毛孔充分打開。洗澡時，毛孔會自然因熱氣而打開，如果不是洗澡時，可以先用熱毛巾敷在臉上一到二分鐘再洗臉。

＊熱毛巾可用浸過熱水再擰乾的毛巾，或是將浸濕的毛巾以微波爐加熱數十秒。

一、用溫水沖洗全臉

大致沖洗2、3遍，洗去臉上的髒汙。

二、確實讓洗面乳起泡

倒一點洗面乳在手上，加適量的水，搓揉出細緻的泡泡。

三、用泡泡包覆洗淨

依序清洗：臉頰→眼睛周圍→額頭→鼻子周圍→嘴巴周圍→下巴。

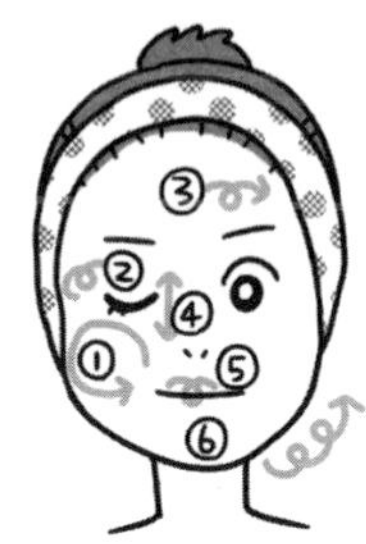

★ **臉頰** 以手掌包覆臉頰，畫大圓。

★ **眼睛周圍** 使用中指和無名指，輕輕地畫圓。

★ **額頭** 從中央朝向太陽穴方向，畫出大大的螺旋狀。

★ **鼻子周圍** 手指順著鼻梁至鼻翼的輪廓，上下移動。

★ **嘴巴周圍** 沿著嘴唇周圍畫幾圈。

★ **下巴** 從下巴前端沿著臉的輪廓畫圓。

四、清洗脖子

從脖子根部往臉的方向畫圓，塗抹洗面乳。脖子是容易看出年紀的部位，要將它當成臉的一部分來保養，而不是身體的一部分。

五、沖掉泡沫

用溫水沖洗10遍左右。不要用力搓洗，而是用溫水輕輕沖洗臉。沖洗過頭會讓肌膚老化，必須注意。髮際處和下巴是容易殘留泡泡的部位。

六、擦乾水分

用毛巾從上往下壓，輕柔地擦乾水分。擦乾水分後，水分容易蒸發，所以要立刻搽化妝水。

臉部保養的原則

隨著年齡增長，肌膚慢慢老化。妳是不是因為感到焦慮，這個也搽、那個也抹，保養過頭了？肌膚需要什麼，就只給它必要的分量即可。做到這一點，肌膚就能開始正常運作，妳就一定能擁有美麗的肌膚。

～保養肌膚的重點～

1. 了解自己的皮膚類型

例如，搽同樣的乳液、使用同樣分量，有人的皮膚能確實吸收，有人卻會因此長出痘痘。這單純是因為皮膚類型不同。因此，要先了解自己皮膚的狀態，以符合皮膚的方式保養，這是主要原則。此外，隨著年齡增長，皮膚類型也常常因此改變，所以請每天觀察、觸摸自己的皮膚，以確認狀態。從這點來看，雖然想持續使用喜歡的保養品的心情可以了解，但如果皮膚狀態持續不佳，嘗試不同保養品也是必要的。

💧 油性肌

- □ 容易長痘痘
- □ 容易脫妝
- □ T字部位會出油
- □ 毛孔粗黑
- □ 皮膚較粗

＊ 乾燥肌（敏感肌）

- □ 洗完臉後皮膚很繃
- □ 臉頰或嘴巴周圍會掉白屑
- □ 不好上妝
- □ 皮膚顏色黯沉

💧＊ 混合肌

皮膚因季節和部位不同
有易出油的部分
也有乾燥的部分

☆ 普通肌

沒有其他類型的問題
健康肌膚狀態

2.遵守保養的順序

洗完臉後，要從油分少的保養品搽起。基本原則，是依「化妝水」→「精華液」→「乳液」→「乳霜」的順序。如果先使用油分多的保養品，皮膚會產生一層膜，之後搽上去的東西就無法滲透肌膚，沒有效果。

*有些品牌的順序不太一樣，使用前請先確認。

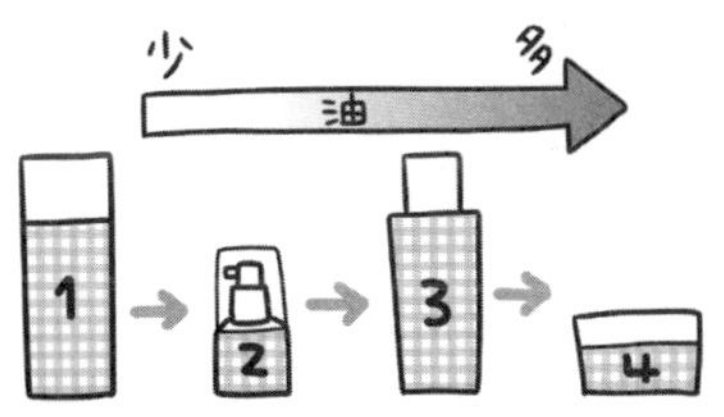

3.確認保養品的搭配

妳會不會在使用控油化妝水後，卻搽上補充大量油分的乳霜？即使它們對皮膚似乎都有益，但請不要同時使用效果相反的產品。如果不是很清楚產品功效，就問店員，或是使用同一品牌、同樣系列的產品，也能安心。

4.用自己的肌膚確認

高價保養品確實多含有對肌膚有效的成分，但是，也很難說它對每個人而言都是好商品。即使是平價商品，只要適合自己的肌膚，那就是最好的產品。請不要受廣告左右，而是以自己的皮膚去測試，找到最適合自己的保養品。

5. 確認成分表

標示「無添加」的商品乍看之下，似乎對皮膚很好，但並不能一概而論。因為「無添加」這個詞並沒有確切定義。一般而言，所謂「無添加」，多半指的是沒有加入「防腐劑」「礦物油」「人工色素」「酒精」中的其中任何一樣。也就是說，即使有加防腐劑，但沒有加人工色素，就可以標示為無添加商品。另外，即使是植物萃取物或米糠等天然成分，有的人還是會因此過敏，必須注意。

- AHA 果酸。能去除多餘角質，促進皮膚再生功能。
- 明日葉萃取液 促進皮膚的新陳代謝、預防老化。保濕效果也很好。
- 熊果素 美白成分，能預防黑斑。
- 蘆薈萃取液 具保濕和消炎效果，防曬產品中也會使用此成分。
- 乙醇 具有殺菌、清潔的效果，能控油，適合油性肌膚。
- 彈力蛋白 保持肌膚彈性的成分，對皺紋和鬆垮也有效。
- 洋甘菊萃取液 預防因乾燥而引起的肌膚乾燥和青春痘等，日曬後也可使用。
- 枸櫞素 調整皮膚的PH值，有緊實作用。
- 甘油 保濕成分。和玻尿酸一起使用，能提高兩者的效果。
- 褐藻精華 和玻尿酸有同樣的保濕效果，保持肌膚彈性。
- 輔助酵素Q10 活化代謝，對水腫也有效果。
- 米糠萃取液 從米糠萃取出的精華，能活化皮膚細胞，保護皮膚。
- 膠原蛋白 保持肌膚彈性，提高再生功能。
- 地黃萃取液 保濕效果優，能活化皮膚細胞。

・牡丹根萃取液 除了能預防肝斑和黑斑，也能抑制皮膚發炎，促進血液循環。

・白樺萃取液 緊實肌膚，給予保護，也有消炎、殺菌、促進血液循環的效果。

・神經醯胺 持續保水，保護肌膚。

・桑白皮萃取液 抑制黑色素的生成，保濕效果也很好。

・當歸萃取液 抑制黑色素的生成，促進血液循環，也有保濕效果。

・海藻寡糖 具保濕效果。硫酸化海藻寡糖能提升角質層的保水力。

・對苯二酚 有肌膚漂白劑之稱的美白成分，對於已經形成的肝斑也有效果。

・玻尿酸 很受歡迎的保濕成分。據說1公克原液約有6公升的保水效果。

・維他命C誘導體 美白成分，促進膠原蛋白生長，調整肌膚的再生能力。

・維他命E 促進血液循環，具保濕效果，此外也能抑制黑色素。

・細胞再生因子 別名為EGF。

・胎盤素 提高新陳代謝，預防黑斑與色素沉澱，也能促進血液循環與保濕。

・荷荷芭油 以高滲透力抑制皮脂過剩，能預防黑斑與青春痘。

・聚季銨鹽-51（Lipidure） 保濕成分，據說保濕力是玻尿酸的2倍。

・A醇 維他命A。促進肌膚再生。

・蜂王漿 避免皮膚乾燥，促進新陳代謝。

・凡士林 低刺激油。能防止皮膚乾燥、水分蒸發。

化妝水

洗完臉要立刻用化妝水補充水分。想維持皮膚的滋潤，需要水分，光是補充油分，就算補再多，皮膚也不會有彈性。

根據皮膚類型選擇化妝水

使用化妝水的方法

可用手或化妝棉。用手搽，較不刺激皮膚。使用化妝棉，雖然比用手搽更具滲透性，但搽拭動作會使肌膚產生肉眼難以看見的傷口，所以動作請輕柔。細節請看左頁。

～用化妝棉揉～

①讓化妝棉充分浸透化妝水

為了盡量減少對肌膚的摩擦，要用大量化妝水浸濕化妝棉，直至滴落的程度。

②拍打全臉

一邊有意識地讓化妝水浸透肌膚，一邊以化妝棉從臉的內側朝向外側輕壓全臉。

③再次輕拍兩頰和眼部

以化妝水輕拍全臉後，再次輕拍容易乾燥的兩頰和眼睛周圍。

④輕拍脖子

從脖子根部朝臉部方向輕拍。雖然說是輕拍，但力道不可太強，而是以將化妝棉輕貼於脖子的感覺拍打。

～用手揉～

①以化妝水拍拭全臉

將大量化妝水倒在手上，拍拭全臉。

②讓化妝水確實滲透肌膚

額頭和兩頰使用手掌按壓，嘴部和鼻翼等則使用指腹輕輕按壓，讓化妝水滲入肌膚。不可拉扯肌膚。

③再度輕拍兩頰和眼部

用化妝水輕拍全臉後，再一次輕壓容易乾燥的兩頰和眼睛周圍，讓化妝水確實滲透。

④輕拍脖子

以指尖從脖子根部朝臉的方向輕拍，不可拉扯肌膚。

精華液

精華液主要分成兩種，一種是維持化妝水補充的水分、提升「保濕效果」，一種是以美白、除斑為主，具有「美容效果」。要有美麗肌膚，水分不可少，所以皮膚若沒有太大問題，建議優先使用高保濕效果的精華液。精華液要以手塗搽。

精華液的使用方法

① 以適量精華液輕壓全臉，使之吸收。

② 重複輕壓容易乾燥的兩頰和眼部。

③ 再倒一些精華液在手上，幫全臉做按摩。

※為了不讓皮脂過度分泌，按摩時間大概20～30秒。

乳液・乳霜

它們的功能是以油分包覆肌膚，不讓化妝水和精華液蒸發。一般而言，乳霜的油分比乳液多。35歲左右前，因為皮膚分泌的油脂較多，所以不需要使用到乳霜，只要塗抹於乾燥部分即可。如果給予皮膚過多油分，就會有毛孔粗黑的狀況，容易長痘痘。

根據皮膚類型選擇

油性肌

如果不會覺得肌膚緊繃，不搽也沒關係。如果要搽，須選擇油分較少的乳液。

乾燥肌（敏感肌）

同時使用乳液和乳霜來保養。因季節等狀況不同，也可以只使用乳液。要常常確認皮膚的狀態。

混合肌

摸摸皮膚，覺得乾燥、緊繃的部分，再使用乳液即可。

普通肌

基本上，35歲前多半不需要使用。如果覺得某些部位比較乾燥，就用乳液來保養。

乳液・乳霜的擦法

① 確認皮膚狀態

照鏡子、觸摸皮膚，確認哪些部位乾燥、哪些部位泛油。

② 以指尖按壓的方法上乳液、乳霜

為了不搽到不需要油分的部位，以指尖按壓即可。眼睛周圍，是從眼頭往眼尾的方向輕柔緩慢地按壓。

！對付臉部肌膚問題的方法！

隨著年齡增加，毛孔粗大、黑斑、皺紋等的問題也變多。最重要的是「預防」，不要為肌膚製造問題。每天的一點保養，能讓問題大幅減少。

！痘痘

成人痘的特徵是容易長在嘴巴周圍。這種痘痘形成的原因很複雜，像是壓力、飲食不當、荷爾蒙失調等都可能，所以很難治療。雖然痘痘讓人很在意，但絕對不可用手去擠！十多歲時，因為皮膚再生功能活躍，所以通常不會留下痘疤，但過了20歲後，就容易形成痘疤、凹洞。

保養

已經形成的痘痘，只能塗上市售藥膏，等它自然好。如果臉上有3顆以上摸起來會痛、化膿變紅的痘痘，而且塗藥2週以上都沒有消，就要去看皮膚科。想避免痘痘，要用正確方法洗臉，確實去除滋養青春痘細菌的過剩皮脂，並做好保濕。由於形成青春痘的細菌，很喜歡乳液和乳霜所含的油分，因此塗抹時要避免容易長痘痘的部位，只搽在眼睛周圍、嘴巴周圍等容易乾燥的地方。

黑頭粉刺

黑頭粉刺會逐年變得明顯。特別是鼻頭，由於皮脂分泌旺盛，所以很多人都很困擾。黑頭粉刺產生的原因，是皮脂和汙垢氧化，阻塞毛孔。很多人因為非常在意，所以用力搓洗，常使用除粉刺的鼻膜，但這會造成反效果。請以正確方式保養，以擁有光滑的鼻頭為目標。

Oh 草莓鼻⋯⋯!!

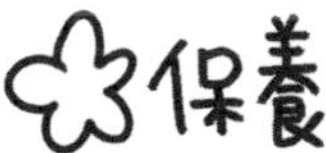

保養

除粉刺的鼻膜，一星期頂多只能用一次。如果用過頭，連健康的皮膚也會剝除。至於用手擠，當然也不行。因為皮脂會一直分泌，不論清掉多少，還是會不斷冒出來；如果短時間沒有油脂，為了補充，反倒會刺激皮脂過度分泌。保養時，首先是要用熱毛巾等使毛孔張開，然後洗臉。再者，由於毛孔有黑頭的原因之一，是皮膚鬆垮（毛孔粗大），所以洗完臉後要確實為肌膚補水，讓肌膚具有彈性。如此一來，毛孔就會縮小，黑頭也會變得不明顯。

用熱毛巾和洗臉後的保養

邁向光滑的鼻子!!!

黑斑

一旦長出黑斑，要消除就很麻煩，只能以雷射治療清除，或是長期保養，讓它慢慢變淡。因此，重要的是要先避免產生黑斑。平常不經意的行為，也可能是形成黑斑的原因，以下列出平常必須注意的重點。

預防黑斑之道

1、不要過度暴露於紫外線下

因為年齡增長而長斑的原因，幾乎都是由於紫外線。一年到頭請都用防曬產品、陽傘、帽子等阻擋紫外線。陰天和冬季也一樣有紫外線，不可輕忽。

2. 不使皮膚乾燥

肌膚一旦沒有水分，防護功能就會變弱，使紫外線容易穿過肌膚。不論是什麼狀態，都不要忘了保濕！

3. 不要刺激肌膚

擠青春痘、用力搽化妝品、用力洗臉，這些都會使皮膚發炎、黑色素沉澱。

黑斑的種類與保養

肝斑

女性特有的一種斑，會左右對稱。因為多半於懷孕中形成，因此被認為與女性荷爾蒙有關。如果顏色一直變深，就得去看皮膚科。

老年性色素斑

臉頰和手等易暴露於紫外線之下的部位，會形成的黑斑。由於日曬和年紀增長，在25歲以後就開始形成。已經形成時，可使用含美白成分的精華液來保養。

發炎性色素沉澱

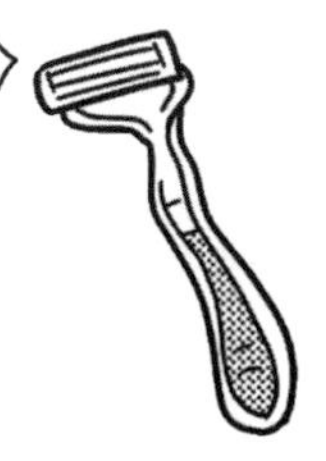

由於青春痘和刮鬍子所造成的傷痕而形成的黑斑。十幾歲時，多半會自然消失，使用一般美白保養產品即可。

雀斑

遺傳性斑點，常見於皮膚白的女性，曬了太陽後及懷孕時會增加。一般來說，隨著年齡增長會變淡。

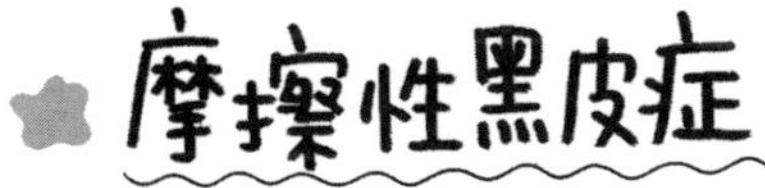

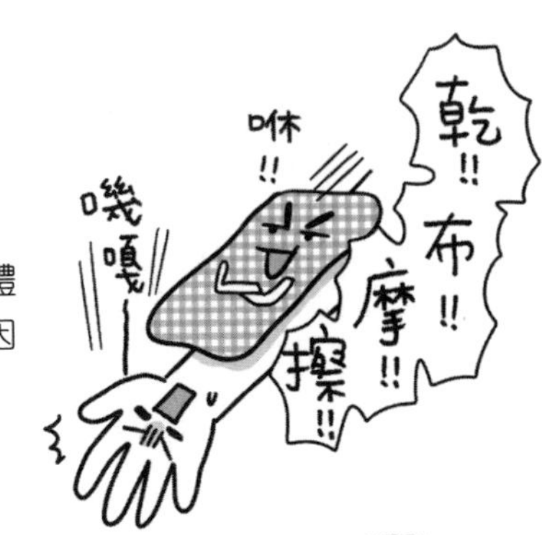

身體容易形成的黑斑。形成的原因，是身體部位因為長年受到毛巾等物品的摩擦。因此，浴巾最好選擇100%純棉的柔軟材質。

皺紋

皺紋是最清楚易懂的老化現象。遺憾的是，皺紋無法完全預防，但能經由每天確實保養，讓它不那麼顯眼，或是延緩其形成。25歲之後，開始有淺淺的皺紋生成，如果置之不理，它就會愈來愈深，因此從現在開始保養很重要。

預防皺紋的方法

1.不要過度暴露於紫外線下

皮膚暴露於紫外線下，彈力就會下降。即使在室內，會曬到陽光的地方還是有紫外線，必須注意。

2.不讓皮膚乾燥

皮膚一乾，角質層就會變硬，失去彈性。保濕很重要，說做好保濕、給予肌膚水分，是擁有美肌的第一步也不為過。

3.調整容易形成皺紋的表情和姿勢

持續一樣的表情和姿勢，那個部位就容易形成皺紋。笑紋還可以容許，但要避免眉間和脖子的皺紋。請注意不要皺眉，以及睡太高的枕頭。

4.使用專用保養品

使用主要成分為A醇、菸鹼酸、維他命C誘導體的保養品。膠原蛋白由於分子較大，無法深入皮膚底層，所以比起塗抹，飲用較佳。

✿保養

使用化妝水保濕後，再以化妝棉當作面膜敷用，能提升保濕力。

化妝棉面膜

① 用化妝水浸透整張化妝棉。

② 在化妝棉上滴幾滴高保濕效果的精華液。

③ 敷在有皺紋或乾燥的部位5～6分鐘。

④ 再塗上乳液或乳霜鎖水。

! 黯沉

有人不知為什麼臉色就是很差，會讓周遭的人關心「妳是累了嗎」，但這種人或許只是因為臉色黯沉。臉色黯沉的原因，可能是皮膚乾燥、洗臉沒洗好、血液循環不良、貧血、色素沉澱等。和其他皮膚問題相比，黯沉比較容易改善，但如果置之不理會加速老化，所以，當妳覺得「今天膚色不好看」時，就要及早因應。

黯沉的原因

貧血、血液循環不良

色素沉澱

沒有確實洗臉

預防與保養

1、確實清除汙垢

卸妝和洗臉如果做得不確實，老舊角質就會殘留。老舊角質是死掉的細胞塊，呈現灰色，所以皮膚看起來會黯沉。請確實清除汙垢。

2. 不要讓肌膚乾燥

皮膚乾燥，再生機能就會變差，使老舊角質殘留，皮膚也因此失去透明感。氣候乾季時，也要留意室內的濕度，因為這也是肌膚保養的一環，只要光是在屋裡曬一條濕毛巾，濕度也會不同。

3. 不刺激肌膚

形成黑斑的黑色素如果在臉部整體沉澱，臉色看起來就會黯沉。請和預防黑斑一樣，不要暴露於紫外線下，不要用力搓揉臉。

4、讓血液循環變好

血液循環不佳，新鮮的血液就無法在體內循環，使肌膚顏色看起來不健康。請多攝取維他命E，讓血液循環變好。以食物來說，杏仁、埃及國王菜、南瓜、海苔、蛋、明太子等的維他命E都很豐富。下面所介紹的三溫暖面膜也有效。

6分鐘の三溫暖面膜

① 準備兩條毛巾。

② 一條做成熱毛巾。另一條可以放入冰水中，或是將濕毛巾放進冷凍庫一段時間，做成冰毛巾。

冰硬

熱呼呼

③ 將熱毛巾敷在臉上3分鐘，再改用冰毛巾敷3分鐘。

身體保養的原則

不管怎麼樣，身體保養都容易比臉部保養受忽略。不過，隨著年齡增加，身體肌膚的問題也會不斷出現，像是乾燥、黯沉、皺紋和鬆垮等。臉部肌膚很漂亮，但手或腳跟卻乾巴巴，真是讓人很難過。請每天稍微用點心，讓全身肌膚都美麗吧！

1. 和照顧臉一樣用心

比起臉部肌膚，身體肌膚的老化來得比較晚，問題也比較少，但如果置之不理，也會一直老化下去。為了不讓自己後悔，從今天開始保養身體肌膚吧。

2. 使用柔軟的浴巾

沐浴產品使用自己喜歡的即可，要特別注意的反倒是浴巾。材質較硬的浴巾，會因為長年使用，讓身體長斑，所以建議使用100%純棉的浴巾。

3. 不要用力搓洗

和臉一樣，身體也絕對不能用力搓洗，否則會讓皮膚變粗，造成黯沉和疤痕。

洗澡的方法

1. 身體確實泡在熱水裡

身體泡在熱水裡，毛孔就會張開，使髒汙容易去除。

2. 將沐浴用品搓揉出泡沫

浴巾沾點水，將沐浴乳等確實搓揉出泡沫。

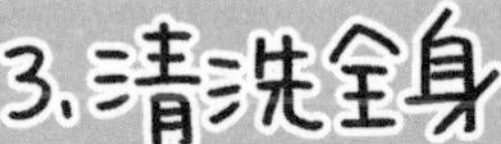

3. 清洗全身

從遠離心臟的部位開始，依序由下往上畫圈，清洗身體（身體的血液循環會變好）。不要用力，感覺像是溫柔撫拭即可。

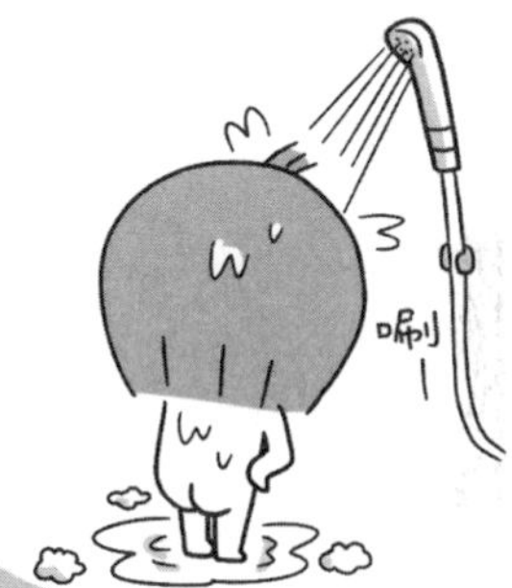

4. 沖掉泡沫

盡可能用溫水沖掉泡沫，不要殘留。脖子和背部容易殘留，請確實沖洗。

5. 洗第2次

用手摸摸看，覺得油油的部分就再洗一次。皮脂分泌旺盛的胸口和背部，是要確認的重點部位。

6. 做好保濕

手肘、膝蓋、腳跟、小腿等部位容易乾燥，是保濕的重點。皮膚乾燥時，建議使用含有能軟化角質，有尿素成分的乳液；覺得手腳冰冷，可使用含有讓血液循環變好的含維他命E乳液。

!對付身體肌膚問題的方法!

為了不讓問題發生，平常做好「預防」是基本原則。不過，女性的肌膚很細緻，即使注意，還是會發生問題，請儘早處理，防止惡化。

身體的痘痘

胸部和背部被稱為身體的T字部位，因為皮脂分泌旺盛，容易長痘痘。至於保養方法，則和對付臉部的痘痘一樣。要搽上專用藥膏，而像是內衣等會直接接觸肌膚的衣物，以棉質為佳。相反的，臀部由於皮脂和水分較少、新陳代謝差，所以一旦長了痘痘，就很容易留下痕跡。因為工作關係常坐著的人，要利用空檔做點運動或伸展，讓血液循環和淋巴液的流動變好。

曬傷

皮膚變紅、感覺刺痛時，就將冰過的冷毛巾捲好沾水，置於患部直至冷卻。幾天內，只能用化妝水保養，絕對不能用手撕皮，而是等它自然脫皮。等到皮屑全部脫皮後，就立刻處理黑斑的問題。

手肘或膝蓋粗黑

四肢關節由於經常摩擦衣服、桌子、地板等，所以角質會變硬、變黑。要使用100%純棉的浴巾輕柔地擦身體，洗完後搽上含有尿素的乳液。也要注意蹺腿坐，或以手肘撐下巴的姿勢。如果手肘和膝蓋已經變黑，請做右邊的特別保養，1週做1次。

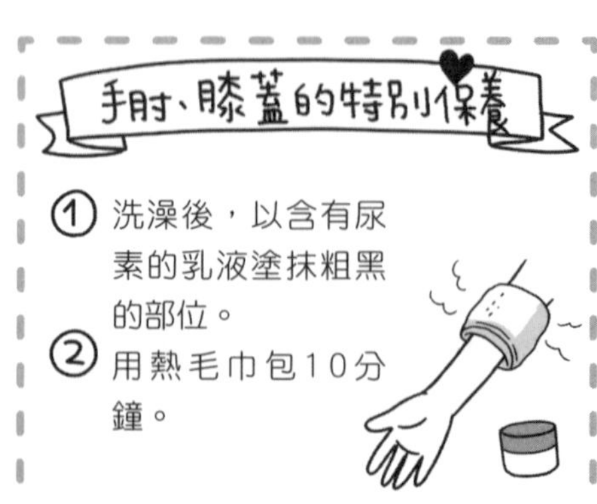

皮膚皸裂

工作時如果需要碰水，就戴上橡膠手套，搽上含有維他命E的軟膏。冬天外出時也戴手套，並多攝取能促進血液循環的食物（蛋、菠菜、大豆等）。

肚臍髒

將嬰兒油或橄欖油倒入肚臍內，1小時後再用棉花棒輕輕去除汙垢，用水洗淨。

腳跟乾燥

身體冰冷的人常有這個問題，這是由於老舊角質殘留所造成的。洗完澡後，請搽上含有尿素的乳液。用銼刀和浮石磨皮，角質反倒會變得更厚，所以最好別輕率採用這種方法。腳跟乾燥的狀況如果很嚴重，請搽上白色凡士林或是含有維他命 E 的軟膏，穿上襪子睡覺。如果狀況還是沒有改善，請試試以下方法。

腳跟的特別保養

① 確認身體已經完全乾了。洗澡時或洗完的2小時，由於皮膚會變軟，所以要避開。

② 用銼刀或浮石磨去多餘角質。磨掉太多會有反效果，因此請一邊觸摸確認，然後一點一點地進行。

③ 擦上白色凡士林（或含有維他命E的軟膏），穿上棉襪睡覺。

如果持續保養2星期還是沒有改善，就有可能是香港腳。腳跟部位的香港腳很多是不會癢的。這時候，請馬上去看皮膚科。

香港腳

很多女性意外的都有香港腳。因為很難啟齒問人，所以也有不少女性是一個人自己煩惱。如果有脫皮、長水疱、發癢、很乾燥或是濕潤的症狀，要趕快去看皮膚科。再者，皮膚上如果沾附香港腳細菌，只要在24小時內洗掉就沒關係，所以即使沒洗澡時，也要好好洗腳以預防。

保養指甲的基本原則

指甲也會老化。

當指甲變得易斷，或產生縱直紋時，就是開始老化了。此外，由於喜歡妝扮指甲的女性變多，像是搽指甲油，做果凍指甲等，指甲的問題也變多了。指甲要完全長好需要半年，一旦出問題就很麻煩，所以也請注意指甲的健康。

剪指甲的方法

你知道剪指甲的正確方法嗎？錯誤的方法會帶來問題，必須注意。

1. 從側面確認指甲狀況

從側面看，如果指甲前端的兩個角比指尖還短，就還不必剪指甲。指甲過短會造成甲溝炎。

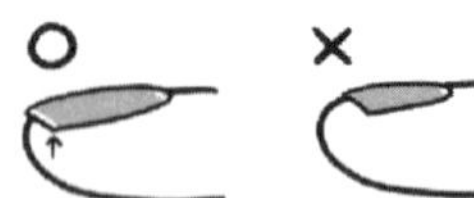

2. 準備較大的指甲剪和銼刀

指甲形狀主要分為「方橢圓形」「圓形」「尖形」三種。最理想的是不易斷裂的方橢圓形。為了盡量筆直地剪指甲，可使用較大的指甲剪。銼刀則不用金屬製的，而是用網眼較細的玻璃製品或紙製品。

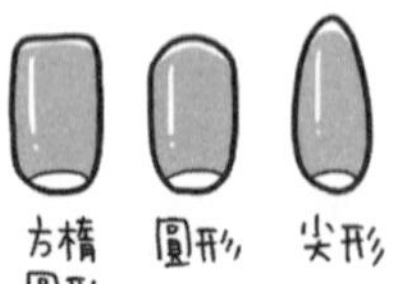

3. 剪指甲

筆直剪斷指甲前端。指甲要剪成圓形或尖形時，也是先筆直剪斷指甲。如果先用銼刀磨出形狀會比較難剪。

筆直地!!

4. 用銼刀調整形狀

以銼刀磨剪好的指甲，以同一個方向磨是重點。

指甲按摩

在指甲根部搽上護手霜，再抹上含維他命E的軟膏，朝著指尖方向一邊輕壓，一邊按摩。

卸指甲油的方法

指甲油其實不會對指甲造成什麼負擔，要注意的，其實是卸除指甲油的去光水。為了減少它對指甲的負擔，請用正確方法卸指甲油。

1. 準備去光水和化妝棉

不要使用加入「丙酮」這種溶劑的去光水。因為它連塑膠都能溶掉，持續使用會使指甲乾燥、變黃。請使用註明不含丙酮的產品。

2. 以去光水浸濕化妝棉

沾取大量去光水很重要，兩、三根手指最少就要用一片化妝棉。

3. 將化妝棉敷在指甲上

敷10秒左右，讓去光水融合指甲油。絕對不可突然用力擦。

4. 擦掉

從指甲根部朝指尖方向，一口氣擦掉。擦不掉的話，不要用力擦，再次敷上化妝棉再擦掉。

5. 搽上保養品

因為卸去指甲油後，指甲會變得乾燥，所以請用含維他命E的軟膏保養。

維他命E
清爽
這裡也拜託你了

對付指甲問題的方法！

甲溝炎

指甲陷入肉裡、化膿的狀況。從側面來看，指甲前端會比根部下陷60度以上。雖然很痛，但絕對不可剪去陷入肉裡的指甲，那只會刺激指甲肉生長，使情況惡化。指甲剪得太短是主要原因，請注意指甲的適當長度。已經形成甲溝炎時，由於自己無法治療，要在情況惡化前去看醫生。

指甲易斷

造成指甲易斷的原因很多，像是營養不良、指甲受到強烈撞擊、血液循環不良等。有這種情況時，不要用指甲剪剪指甲，只用銼刀磨即可。

指甲產生縱直紋

指甲有縱紋是老化現象之一，可以藉由指尖按摩來預防。

甲床剝離

由於乾燥或蛋白質不足，造成指甲分成兩層並且剝落。持續使用含維他命E的軟膏做指尖按摩，就能改善。

灰指甲

指甲會變厚變黃。雖然不會癢，但也不好治療，所以只要覺得不太對勁，就要馬上去看皮膚科。

指甲出現橫紋

據說是表示身體不適以及有壓力。看到指甲出現橫紋，已經是身體不適後一個月了。指甲長出來後，多半就能自然治好。

除毛的原則

很多一直以錯誤方法去除雜毛的人，在25歲以後都會有「毛孔變大」「毛孔變多」的煩惱。現在開始絕對不遲，請盡可能採取對皮膚較無負擔的方式除毛。

拔除

以鑷子或除毛工具，從根部拔除毛髮的方法，雖然可維持一段時間，除毛後很光滑，但對皮膚會造成很大的負擔，容易發炎或造成毛髮內生的問題。（參考166頁）

1. 準備除毛工具

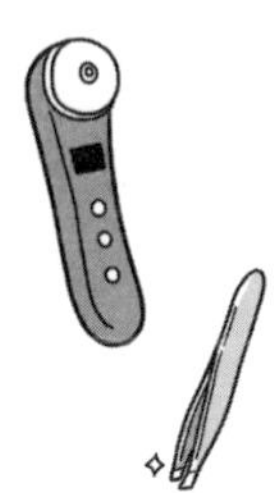

建議使用較無負擔的電動式除毛器。沒有的話，雖然價格稍微高一點，但請使用附有刀片、比較好的除毛工具。

2. 除毛

夾住毛的根部，確實壓住旁邊的皮膚，順著毛流拔除。中途不要切斷，一口氣拔除。

3. 用毛巾冷卻

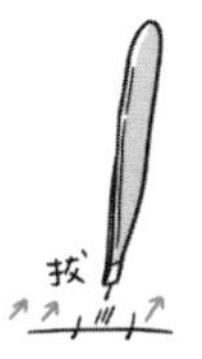

以濕毛巾冷卻。因為毛孔處於打開的狀態，所以不要搽乳液，發炎的部分則搽上藥。為了不使細菌侵入，當天要避免洗澡、游泳、海水浴等。

溶毛

以除毛劑溶解毛髮蛋白質的方法，優點是切口很平滑、不會痛，缺點是大約1星期就會再長出毛，而且不適合肌膚敏感的人。

1. 依照說明書除毛

依據除毛劑所附的說明書處理。

2. 用毛巾冷卻

和拔的方式一樣，以濕毛巾冷卻，發炎部位搽上藥膏。幾天之內不要去游泳或做海水浴。

剃除

用刮毛刀、體刀剃除毛的方法。優點是方便，而且對皮膚的刺激較小，但缺點是持續時間短，之後長出來的毛較粗。

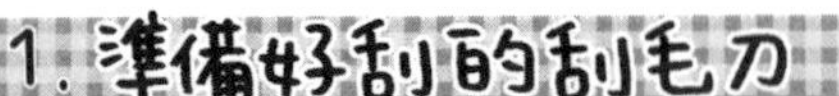

1. 準備好刮的刮毛刀

使用難刮的刮毛刀會傷害皮膚，所以請一週換一次刀片。用兩片刃或三片刃的也不錯。

2. 塗上專用乳液

沐浴產品因為刺激性強，除毛時最好不要使用，請用專用的刮毛乳液或冷霜。

3. 順著毛流剃除

盡量不要逆著毛流刮。逆著毛流刮毛，是造成發炎和小疙瘩的原因，所以只能在最後收尾時刮個1、2次。同一個地方也不要刮太多次。

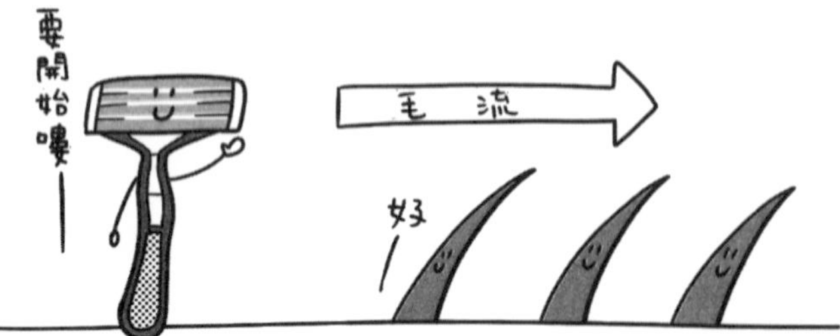

4. 保濕

刮毛後的肌膚有很多小傷口，要用專用乳液（或是刺激性低的化妝水和乳液）保養。此外，刮毛後因為角質也被刮掉，所以很容易受紫外線影響，請留意。

不同部位的除毛法

額頭

為了看起來自然，髮根到眉毛上方的位置要留1公分左右，從上往下剃。用手稍微拉一下皮膚，會比較容易剃。

眉毛下方

為了讓眉毛下方看起來自然，眉下要留1公分左右，以眉刀由上往下剃除雜毛。

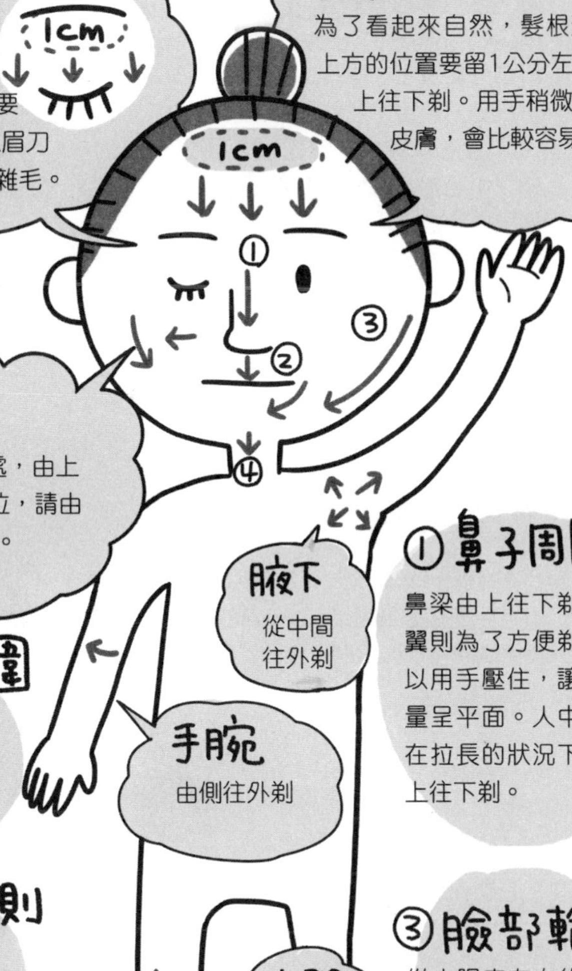

1cm

臉頰

用手拉提太陽穴處，由上往下刮。顴骨部位，請由中心向外刮一遍。

①鼻子周圍

鼻梁由上往下剃。鼻翼則為了方便剃，可以用手壓住，讓它盡量呈平面。人中則是在拉長的狀況下，由上往下剃。

腋下

從中間往外剃

②嘴巴周圍

輕輕拉一下嘴巴周圍的皮膚，從嘴角往下巴的方向剃

手腕

由側往外剃

④下巴內側

抬高下巴，在皮膚拉緊的狀態下，由上往下剃。

③臉部輪廓

從太陽穴左右的位置往上拉，由上往下剃。

小腿

從膝蓋往腳板方向剃

！除毛問題的對應方法！

埋沒毛

所謂的埋沒毛，是在長出毛前，因為皮膚先再生，毛就因此埋沒在裡頭。拔毛的時候，無法從根部拔起，中途就會斷掉，由於發炎，毛的出口會阻塞住。如果埋沒毛就在皮膚下方看得到的位置，自己就可處理。可用消毒過的針扎入皮膚內取出毛，再塗上藥膏。埋沒毛的位置如果很深，就得去看皮膚科處理。

雞皮疙瘩

用拔毛工具除毛的人，常有這種狀況。這是由於拔毛時拉扯皮膚，使毛孔大開，只要暫時不拔毛，自然就會消失。

黑斑

逆著毛刮、刮太深，由於拔毛而傷害角質、引起發炎，以致使色素沉澱的狀態。暫時不要清理雜毛，確認沒有傷口，再以臉部使用的美白化妝水保養。

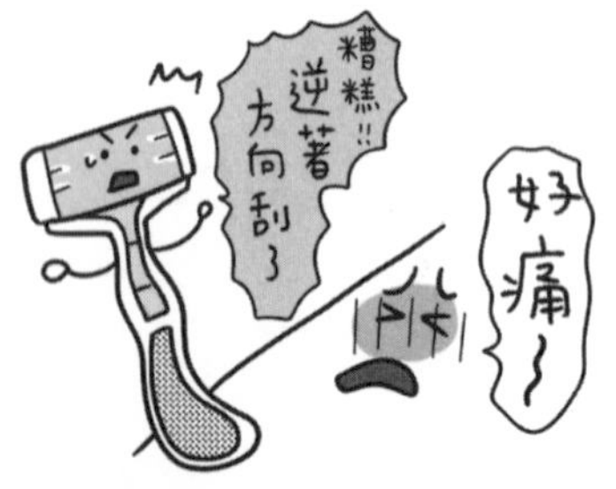

關於美容
頭髮

頭髮

……

…
？

為什麼會這樣~
怎麼了啦！妳從剛才就怪怪的！
戳

嗯…我從之前就一直覺得鳥居小姐的頭髮很漂亮呢。

耶？
妳發現了啊？
啊~這樣啊~
啊~是這樣沒錯喔。
美麗的黑髮就是我鳥居的賣點啊！
這樣啊啊哈哈
我可沒說這句。

…………
為什麼會那麼漂亮？是用了什麼洗髮精還是什麼嗎？
我沒有用什麼特別的東西啦。洗髮精也沒有用特別貴的產品…
呵呵
柔順
柔順
嘿嘿

咦！
妳不要看我這樣，我使用的是1公升2千元的洗髮精耶！
咦！
潤髮乳和護髮精華也是用同樣等級的產品…儘管如此…嗚嗚…
好貴！
美髮
美髮

沒想到
松永小姐
用那麼貴的
美髮產品…
不好意思。

硬…
ㄉㄨㄟ

哇!!!
2000元的結果是這樣!?
打ー擊
妳看
很慘吧…
從兩年多前開始
我的頭髮就變得
很毛糙…

因為覺得會傷害頭髮
從一年多前開始
我就不再染頭髮和用燙髮夾…
但完全看不到
髮質變好的徵兆…

原來是這樣…
會不會是
年齡的問題…
!!
無法否認…!
難道
我就要一輩子
用這種毛糙的
頭髮活下去嗎?
不不不不!

怎麼辦!!
我說了自找
麻煩的事…
明年搞不好
變得更糟!!
好絕望啊!!
啊啊啊啊

那個…松永小姐,
我已經預約
下星期要去
表參道的Bivo
美容院了…
松永小姐
要不要
一起去?
晃

表～參～道～!?

怒……

什麼?鳥居小姐會去表參道的美容院?

妳不覺得太時髦了嗎?

耶,是啊。是很時髦

而且我是一到兩個月去一次

店長會幫我剪頭髮呢。

店長…!!

老實說,鳥居小姐這麼注意頭髮的美感,我很驚訝。

頭髮漂亮是我唯一可自傲的點。

好,我也要讓店長看看我的頭髮!

然後就能有美麗的秀髮!

來吧表參道～!!!

……

那個…
我已經聽鳥居小姐
說了大概狀況。
您的頭髮
確實是有些毛糙。
不過，平常其實
有好好保養。
我覺得自己
很認真在保養。
說ろ
說ろ

松永小姐
該不會有
年紀很小的孩子吧，
而且您是餵母乳？
咦!?對，
你說對了！

我有個一歲半的兒子
還在喝母乳
ろへ
ろへ
來ろ～

果然如此!!
那就沒辦法了。
我是因為餵母乳
所以頭髮
才會變成這樣嗎？
沒錯。
常常有人這麼說喔。

生產後
髮質會改變
產後
頭髮會毛糙變硬
而且失去光澤…

還有
大量掉髮的人
也很多喔。
我產後三到六個月
掉的髮量也不是蓋的。

家裡的地板有很多掉髮，
洗頭髮時
掉髮纏繞在手上，
簡直像是進入異世界似的。
狂掉…
掉髮在產後半年到一年間
多半就會獲得控制，
但頭髮毛糙的情況
要等到不餵母乳才會停止。
這樣啊…
不過不餵母乳後
就能恢復原來髮質嗎？

沒錯。不過已經長出來的頭髮
是死掉的細胞的聚合物
無法再修復
嘿嘿，妳知道嗎？
因此，新長出來的頭髮會恢復正常
但損傷部分直到剪掉為止
都無法恢復原狀
咦？不過
潤髮乳的廣告
都說它們能
修復頭髮耶。
最好是把那個想成
是為頭髮覆上一層膜，
所以摸起來比較柔順。

受傷的頭髮
絕對無法回到原來狀態
毛糙 毛糙
我會盡量
加油試看看的!!
請多指教…
所謂的護髮產品
是在「能接近原本髮質到什麼狀態」
的觀點下所製造的

但說話回來它們扮演的角色本來就不同喔

一般來說，護髮乳是給予頭髮養分（蛋白質）…

妳看喔

潤髮乳是為了讓頭髮觸感變佳為頭髮上了一層薄膜

柔順

來了！

頭髮的老化

- ◆ 頭髮開始有彎度
- ◆ 頭髮變細，失去濃密
- ◆ 頭皮變硬
- ◆ 乾燥，長頭皮屑
- ◆ 白頭髮增加

→ 原因不明。也有人說，與遺傳和壓力相關

扭 !? 扭 你這傢伙!!

無精打采 喂，你沒事吧!!

硬 敲

紛紛掉落

初次見面!!

也就是說
也要讓頭髮凍齡嗎？
沒錯。不過
即使說是凍齡，
也不需要做什麼
特別的事喔。
重要的是
以下
三點
——
①保養頭皮
②避免頭髮受到外在傷害
③規律生活
我們
一個一個來看。
①保養頭皮
做不到這一點的人
比想像中多。
洗頭髮這個行為
我們已經太習慣了
只是很自然地動手
不知不覺就洗完了…
是不是就像這樣？
搓
揉
搓
確實有這種狀況。
一邊想事情時，
不知不覺間
就洗好頭髮、
洗好澡了。
有時候還會不確定
自己到底
用過潤髮乳了沒。
迷糊
洗髮精好像也只是
在頭上洗出泡泡，
然後再沖掉而已…
這樣的話，
就算洗過頭髮，
但頭皮是不是
也變乾淨了
還是個
疑問呢。
嗯
嗯

要像將洗髮精
揉進頭皮似的。
花五分鐘
確實按摩，
這點很重要喔！

要花到五分鐘!?
是平常的五倍…!!
如果想改變髮質，
首先要
保養頭皮！
嚴格

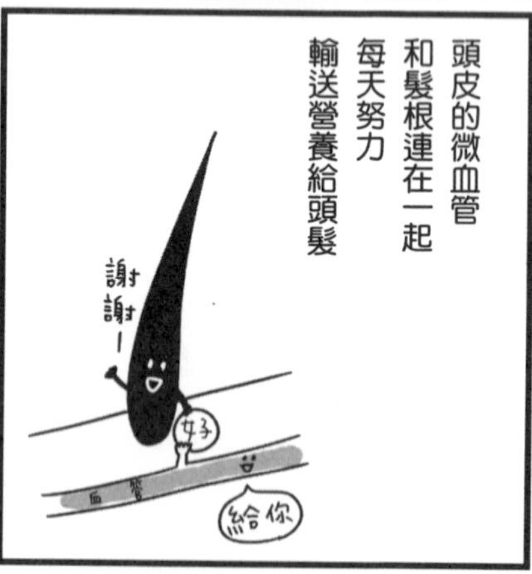
頭皮的微血管
和髮根連在一起
每天努力
輸送營養給頭髮
謝謝！
好
給你

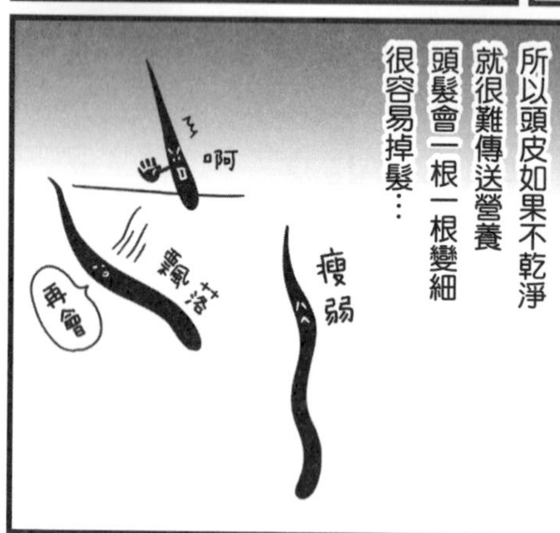
所以頭皮如果不乾淨
就很難傳送營養
頭髮會一根一根變細
很容易掉髮…
啊
瘦弱
飄落
再會

說得好懂一點
頭皮就相當於稻田
如果田地上長了許多雜草
作物無法獲得
充分的營養
土地也變得
硬邦邦的
就無法長出
品質良好的作物吧？
頭髮也一樣
也就是說
只有乾淨柔軟的頭皮
才能長出好頭髮
肥料

再者
頭皮健康
和臉部肌膚
拉提
也有關係呢。
緊實！
這樣嗎？
我第一次聽到！

所以
要保持頭皮乾淨，
要按摩頭皮
讓它能吸收營養，
比什麼都重要。
正確的洗髮方法
188頁會說明。
好！
往上提♪
往上提♪

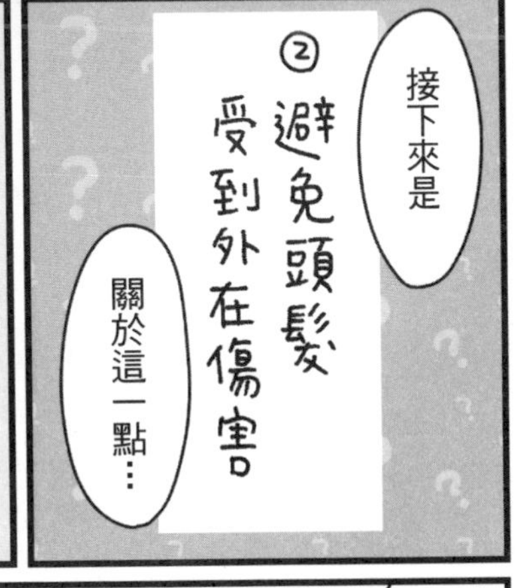
接下來是
②避免頭髮受到外在傷害
關於這一點…

松永小姐提到
因為在意頭髮受傷害，
所以不用燙髮夾。
對。
我覺得
燙髮夾的
溫度很高，
對頭髮應該不太好…
嗞…

嗯，沒錯！
平常要盡量
不要使用
燙髮夾。
猜對了一
太好了一

用一百八十度的高溫拉扯頭髮捲頭髮
會使頭髮喪失水分變得毛糙
熱
咔——
哎呀——
水
水
水

那麼，要整理睡得亂翹的頭髮，最好的方法是什麼？
用水沾濕亂翹的地方，然後用吹風機吹乾定型，是最好的方法喔。
發芽!!

不過，吹風機吹出的熱風溫度也很高啊。
呼呼呼呼
讓頭髮自然乾比較好吧!!

確實是這樣沒錯。不過，不用吹風機就是怎麼樣都無法讓頭髮漂亮。所以，只好盡量必要時再使用。
原來如此
那…

洗完澡後可以讓頭髮自然乾嗎？
吹風機很麻煩…
如果可以等完全乾了再睡覺，自然乾也沒關係。

不過不可以頭髮濕濕的睡覺！
因為會弄濕枕頭
半乾來睡
……

頭髮還是濕的就睡覺，會造成很大的傷害。
發覺時已經是仰睡了
驚
因為頭髮還是濕的就睡所以翹得亂七八糟
我當然不會說我每天都是這樣

打個比方，就像泡澡泡很久
手掌會變得軟軟的
皮膚比較脆弱
濕的頭髮
也是一樣的
道理！
頭髮還是濕的
就睡覺，會因為
摩擦而受傷，
細菌也會繁殖！
對不起，
我不會再犯了。
恭敬
請注意
除了燙髮夾外，
也要注意紫外線。
頭皮離太陽最近
最容易受傷害
近
陽光很強的季節
要戴帽子等
以防止紫外線
雖然如此，
但頭皮悶著
也不太好…
有時候要
脫掉帽子，
讓頭皮通風。
戴透氣性佳的草帽
也不錯。
呼

另外，市面上也有能隔離紫外線的護髮產品，也可以使用。
還真行啊…
強力反彈!!
UV

還有，很多人不知道不好而做的事。

刮髮!!
咦？
唰 唰 唰
膨脹

想要讓頭髮看起來更多時，我就會用梳子刮髮。
妳的刮髮還真遜!!
刮髮會讓頭髮的毛鱗層剝落喔。
毛鱗層的方向
梳子
剝落

這麼做會讓頭髮失去光澤，所以最好將刮髮次數降到最低。
好。

③規律生活
只要談到健康就會講到這個原則，妳們或許也聽煩了吧？不過，要保養頭髮還是沒有例外。

人的身體真的很巧妙呢
如果因為節食
暫時營養失調

1天1餐

營養都不來!!
糟了，搞不好會死!!

身體就會
「能依序保護
維持生命必要的部分」
而運作

發動緊急模式!!
為了維持生命
要限制營養
配給的範圍

嗶—
嗶—

而頭髮不管怎麼受傷
都不會造成死亡
所以很容易在這種情況下被犧牲

從維持生命的角度來看
皮膚和頭髮都不是那麼重要
所以，節食時很多人都會變得很憔悴

心臟
腦
高
優先順序
頭髮、皮膚
指甲
打一擊
低

對女性來說，
頭髮和皮膚
都很重要的
說⋯

對啊
對啊。。

哈哈哈，
真的是這樣。
所以，想擁有漂亮秀髮，
絕對不可以勉強節食。

小女人
少女

此外，睡眠不足也是頭髮的大敵。
晚上十點到深夜兩點對健康和美容而言是所謂的黃金時間，妳們聽過嗎？
美的黃金時間
10
2

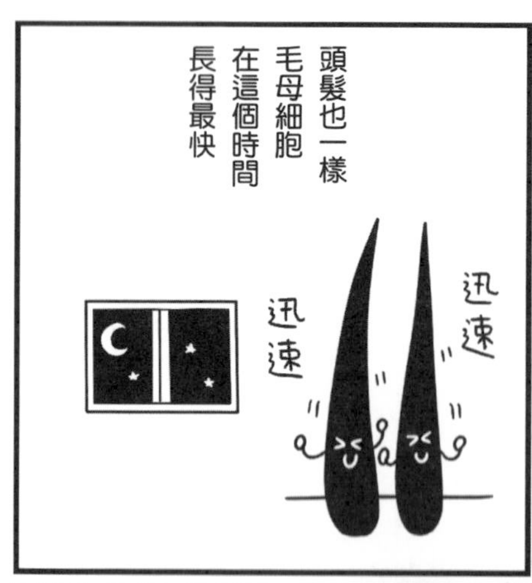
頭髮也一樣毛母細胞在這個時間長得最快
迅速
迅速

所以不管再怎麼晚，
最好在晚上12點前睡覺。
我得調整夜貓子生活了⋯
我也是⋯

此外抽菸和運動不足

還有壓力都不好喔
呼呼

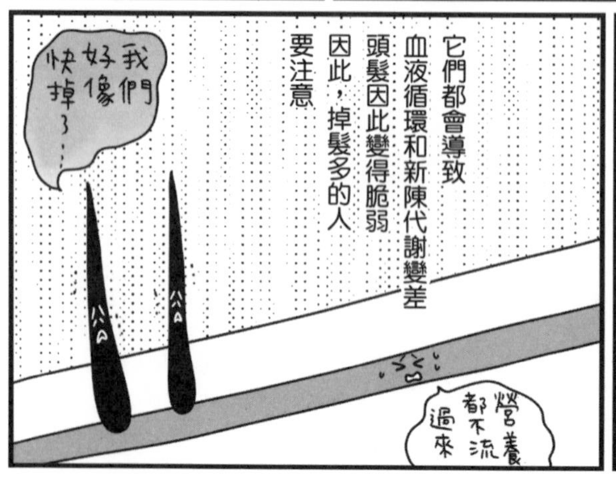
它們都會導致血液循環和新陳代謝變差頭髮因此變得脆弱因此，掉髮多的人要注意
我們好像快掉了⋯
營養都不流過來

食物
會有影響嗎？
當然。
飲食也很
重要！
血液如果變得濃稠，
就無法將營養
傳送到細胞每個角落。
豆漿
最好記住
要多攝取
大豆異黃酮喔
大豆製品
含有很多這種成分

基本上，頭髮是
因為女性荷爾蒙的運作
而形成的
女性荷爾蒙
女性比較
不會禿頭，
就是因為
這個原因。
確實如此。
和男性相比…
女性禿頭的狀況
真的是少之又少。

在日本卡通「海螺小姐」中
有個角色的髮型很特殊
對吧？
他禿頭的部分是起因於男性荷爾蒙
至於有點頭髮的部分
可以說就是因為女性荷爾蒙的關係
在說爸爸呢!!
我嗎？
男性荷爾蒙
女性荷爾蒙
〈後腦〉

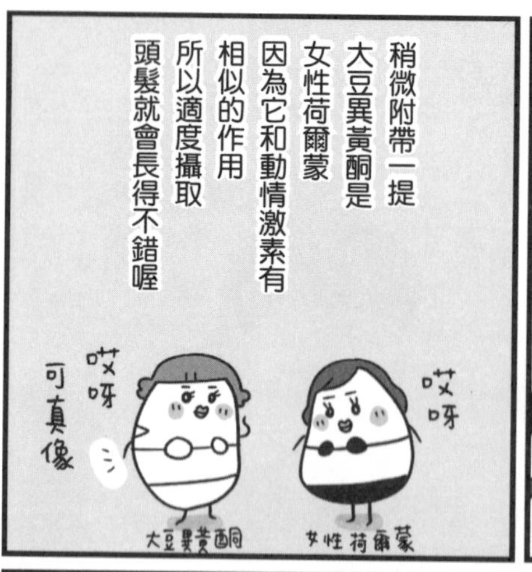

◎ 打造好髮質

牛奶、大豆、魚貝類、牛肉等蛋白質

◎ 讓頭髮生長

肝臟、米糠、納豆等維他命

B2、B6

◎ 刺激頭髮發育

魚貝類、海藻等礦物質

◎ 讓頭髮有光澤

花生、芝麻、沙拉油等亞酸油

鏘將

哦~

總之
雖然說了這麼多，
重要的是
每天都要持續
做到這些事。
是！
從裡到外
都要加油！

保養頭髮要能真正看到具體結果
非常花時間
所以有些人會提不起勁來實踐
有差別嗎？

不過，好好保養的人
和沒有保養的人
幾年後髮質會全然不同
所以，我希望妳們
把它當成一種投資
好好保養
起點

以個人來說，
我認為化妝品費用
要有百分之二十五
花在頭髮上。
大家
都在臉上
花很多錢
對吧？
如果保養頭皮
能讓臉部
肌膚上提，
那我覺得
花這些錢
也無妨。
的確如此
嗯嗯

那麼
接著就來
說明詳細的
保養方法。
開始嘍

頭髮的正確保養方法

頭髮一個月大概長一公分。如果是髮長及肩，就是花了約兩年的時間長成這個長度。也就是說，妳現在的頭髮狀態，就是妳這兩年內的保養成果。因此，每天正確保養頭髮，幾年後妳就能擁有美麗的秀髮。

正確的洗頭方式

讓人意外的是，多數人都沒學過正確的洗頭方式。最近，很多人則是因為在意臭味與油膩感，洗頭洗得過度了。洗得過頭，會造成頭皮癢和發炎等，此外，會讓頭皮產生「皮脂不夠」的錯覺，結果分泌出更多皮脂，造成惡性循環。只要注意一點細節，就能減少頭髮的困擾。請藉由本篇確實了解這些常識吧。

首先從選擇洗髮精、潤髮乳（護髮乳）開始!!

我們常會聽到很多資訊，像是「化學合成洗髮精不好」「不含矽靈的洗髮精比較好」「自然的洗髮精最好」等等。有些人使用石油原料的化學合成洗髮精，確實會覺得它對頭皮造成刺激和負擔，但也有人用了沒什麼問題，頭髮也很漂亮。相反的，也有人使用自然派的胺基酸、肥皂類的美髮產品，會覺得頭髮油膩，或硬硬的，或是頭皮發炎。

請了解各類美髮產品的特徵，思考「需要為頭髮補充什麼」，然後找出適合自己的產品。此外，膚質會因季節和年齡增長而改變，本來沒問題的產品也可能變得不適用，所以要常確認自己頭皮的狀態。

弱酸性，對頭髮造成的傷害最小。這類產品多數都幾乎不含香料、色素、矽靈等添加物，適合皮膚乾燥、敏感，或是頭皮有問題的人。但因為洗淨力較弱，也可能讓人覺得洗完後有黏膩感。

肥皂類

洗淨力強，適合油性肌膚的人使用。由於無添加的產品很多，被認為對頭皮最好，但洗完後頭髮會澀澀的。此外，要使用肥皂類的美髮產品時，當地的水質也很重要。如果水的硬度高，就會形成肥皂乳渣，使髮質變差。

化學合成類（高級酒精類）

市售產品多半屬於這一類，價格較便宜。這類產品是考量到起泡、洗髮時的感覺、觸感佳而製作的。由於含添加物，所以有刺激反應的人最好避免使用。不過，添加物並不會造成掉髮和髮量稀少。

也可以請教美容師！

護髮乳和潤髮乳的不同？

一般來說，護髮乳是給予頭髮營養成分（蛋白質）的產品；潤髮乳則是為了讓頭髮觸感良好，而在頭髮上形成一層薄膜。兩個都使用時，要先使用護髮乳。如果只想使用其中之一，可選擇護髮乳。

1 梳頭髮

從髮根開始梳，然後從頭髮中間梳向髮尾，再從髮根梳向頭髮中間，慢慢仔細地梳。梳子可使用防靜電的產品，或是以豬毛等天然材料所製成的梳子。

2 用溫水先沖洗

以頭皮為重點，花時間仔細洗去汙垢。

3 搓揉出泡泡

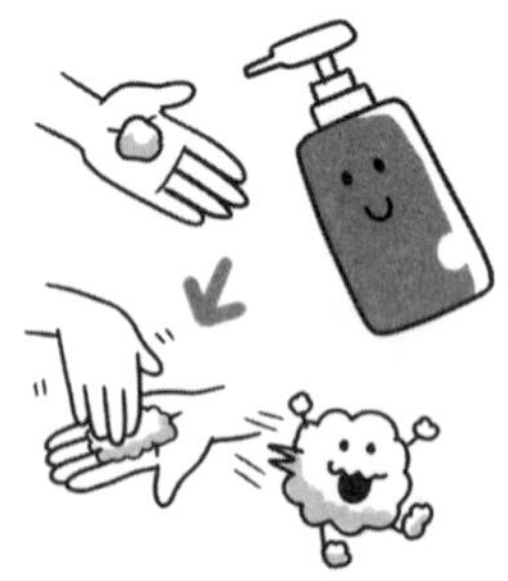

將洗髮精倒在手上，搓揉出泡泡。至於洗髮精的使用量，如果是中長髮（長度及肩），約使用50元銅板大小的量。

4 將泡泡抹在頭上

將洗髮精泡泡，像是要揉進頭皮般的抹到頭上。由於髮尾會自然浸透，所以請將重點放在頭髮表面。

5 按摩頭皮

從髮際往頭頂的方向，使用指腹按摩5分鐘。要有意識地前後左右按摩頭皮。指甲如果接觸頭皮，會造成傷害，所以要注意。髮根的髒汙在洗頭皮時已經洗乾淨，所以不特別注意也OK。

6 用溫水沖洗

洗到頭髮沒有滑溜感，泡泡完全沖掉。

7 使用護髮乳（潤髮乳）

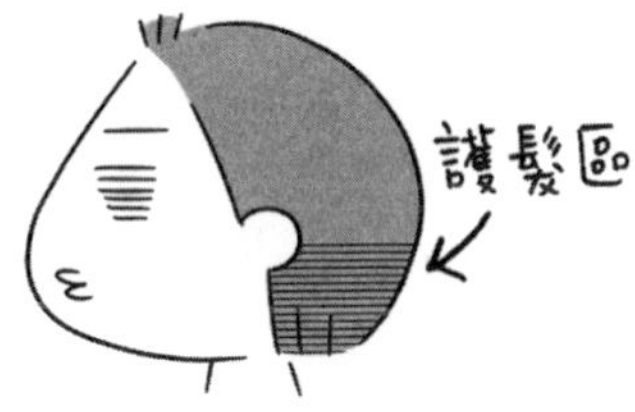

由頭髮中段往髮尾適量塗抹，不要沾到頭皮。然後和洗髮一樣，沖到自己覺得「所有頭髮應該都沖乾淨了」的程度。

吹乾頭髮

1 用毛巾吸去水分

用毛巾包住頭，兩手輕壓以吸去水分。由於濕髮很容易受損，所以不可用毛巾擦拭。同樣的道理，這時也盡量不要用梳子，如果一定得用，力道請放輕。

2 用吹風機吹乾

抓起頭髮，用吹風機吹乾。重點包括：「不只是吹頭髮，也要吹頭皮」「吹風機要距離頭髮10～20公分」「左右搖擺吹風機」。交互使用熱風和冷風來吹，頭髮也比較不會受損。

頭髮問題的解決方法

因為頭髮不會痛，所以頭髮的問題常常太晚才被發現。如果發現了，就要馬上處理保養。

★ 分岔

形成頭髮分岔的因素，包括用毛巾用力擦拭濕髮，過度使用吹風機和燙髮夾，洗頭髮後讓它自然乾、刮髮等。分岔形成後就無法恢復，所以最好的方法，是用剪刀以直角方式剪去分岔部位往上2～3公分的位置。暫時最好不要燙髮和染髮。

★ 圓形禿

不只是壓力會造成圓形禿，遺傳、自體免疫疾病等多種原因也會造成。圓形禿幾乎都能在半年左右自然好，如果禿的範圍變大，請立刻去看皮膚科。

★ 白頭髮

起因於遺傳、年紀增長、營養不夠、壓力等。如果拔掉白頭髮，不只會對髮根形成負擔，而且長出來的頭髮多半也是白髮，所以最好是用染髮來解決這個困擾。含有銅和亞鉛的食物，如牡蠣、芝麻、肝等，可有效預防白頭髮。

★ 頭皮屑

大致可分為「皮膚乾燥所引起」及「脂漏性皮膚炎所引起」兩種。如果是由於皮膚乾燥，多半是因為洗頭過度，其特徵是頭皮屑會像粉末一般掉落。可改用胺基酸類洗髮精，沖溫水。脂漏性皮膚炎形成的頭皮屑較大，會黏在頭髮上，最好去看皮膚科。

★ 掉髮、髮量稀疏

一天掉一百根頭髮是正常的。要避免過度掉髮，最好的方法是生活規律、飲食均衡。如果過於擔心掉髮而不洗頭，反倒會招致反效果。此外，由於血液循環不佳會使掉髮變得嚴重，所以請按摩頭皮，確實去除頭皮髒汙。

★ 頭髮亂捲亂翹

頭髮突然亂捲，多半是因為頭髮乾燥、頭皮不乾淨，或是營養不良，請注意保養。如果是因為遺傳，頭髮本來就捲翹，想讓頭髮變直，可利用離子燙或縮毛矯正的方式。

早點保養，以擁有
一頭美麗秀髮♥

關於美容
維持身材

維持身材

之前
我們因為採訪，
去日本服裝
造型協會時…
不是有講到
膝蓋上的
贅肉嗎？
對，不適合穿裙子的理由之一
就是因為年紀增長，
膝蓋上長了贅肉啊。

從那之後
我雖然就好好注意
自己的身材，
但是和幾年前相比…
很多地方
都還是往下垂的。

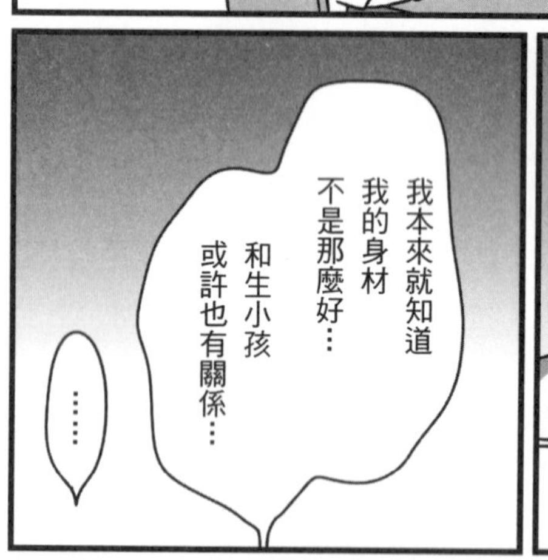
我本來就知道
我的身材
不是那麼好…
和生小孩
或許也有關係…
……

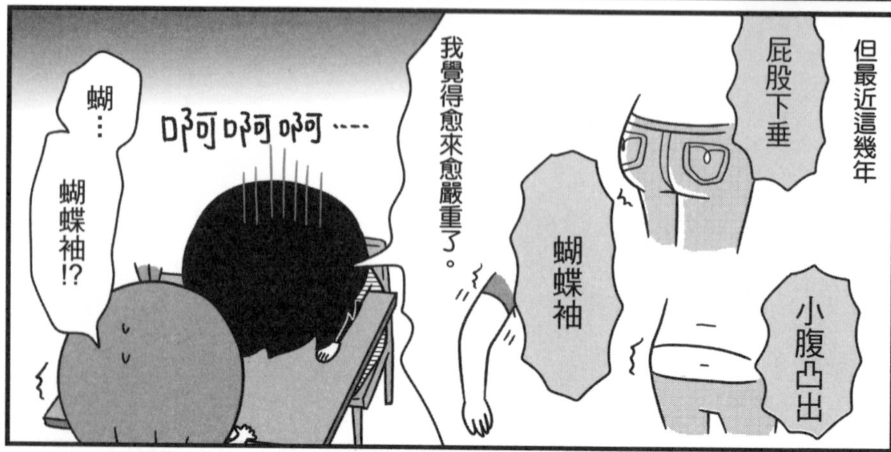
但最近這幾年
屁股下垂
小腹凸出
蝴蝶袖
我覺得愈來愈嚴重了。
啊啊啊…
蝴…
蝴蝶袖!?

沒…沒有啦。
沒有
沒有!!
真的!!!
完全沒有
妳說的
情況啦。
我說啊，
妳每次這麼說時，
眼睛也泛太多
淚了吧。
那表情
也太誇張了

雖然體重本身
還比幾年前
來得輕。
真好——

我的體重
完～全沒變輕耶。
那是因為
妳就是吃那麼多
的關係吧。
呿
不不不，
我其實沒那麼會吃。
我和朋友
一起去吃飯時…

我肚子已經很撐了
朋友還常常
又加點甜點耶
接下來麼…
來個蛋糕好了

這種時候
很會吃的
都是瘦子呢…
已經可以
想像得到了…
沒錯…

我的食量
和年紀差不多
的女生一樣，
搞不好
還比較少呢。
因此，我覺得我的基礎代謝
應該比較低。
瘦不下來就是這個原因吧…
基礎代謝啊，
也就是什麼都不做
也會消耗的熱量。

燃燒
燃燒
確實如此。性別和年齡不同，基礎代謝也會有所差別…
看不出鳥居小姐的基礎代謝有那麼低。
不!!
我的基礎代謝一定很低！不然，很難說明為什麼我很難瘦！

嗯…啊！我有朋友在上健身房，聽說那裡可以測量基礎代謝。
真的嗎？可以量基礎代謝！
要不要去那家健身房採訪啊？我也想請教維持身材的事。
哦，不錯耶！來去吧！

幾星期後…我們來到了「MEGALOS」運動中心的普拉希斯立川分店
經理小川先生
和
教練岡本小姐
今天想請兩位告訴我們隨著年齡增長，體型有什麼變化以及維持身材的方法。

首先是
隨著年紀變大體型就垮掉的這一點。

事實上
我身體很多部位
也都下垂了。
泣…
呵呵…
很遺憾，
身體就是會隨著年齡
鬆弛下垂。

原因是
肌肉量減少。

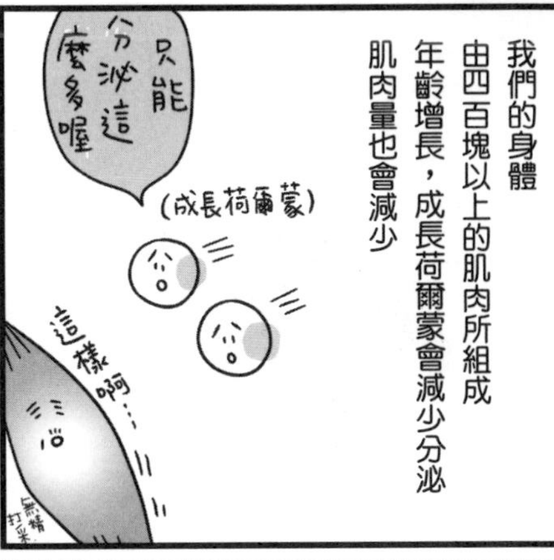
我們的身體
由四百塊以上的肌肉所組成
年齡增長，成長荷爾蒙會減少分泌
肌肉量也會減少
只能分泌這麼多喔
(成長荷爾蒙)
這樣啊…

馬上說中
一般認為
肌肉量大約
是在30歲左右
開始減少。

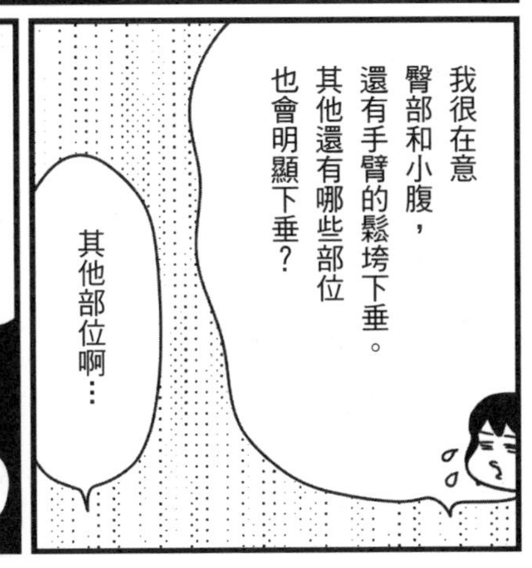
我很在意
臀部和小腹，
還有手臂的鬆垮下垂。
其他還有哪些部位
也會明顯下垂？
其他部位啊…

大腿的肌肉
很容易下垂喔。
就是膝蓋上方
多出的贅肉吧…
果然是這樣。
另外，就是肩胛骨
一帶的肌肉，
也就是背部的贅肉。

啊，我也很在意背部的贅肉…
一年一年下來我夏天穿T恤時都愈來愈沒自信了。
原本沒有的
我懂！看到有人內衣上面的位置有贅肉時，我也會確認自己有沒有。
轉
那也是因為年齡增加所以胸部下垂了～
對對

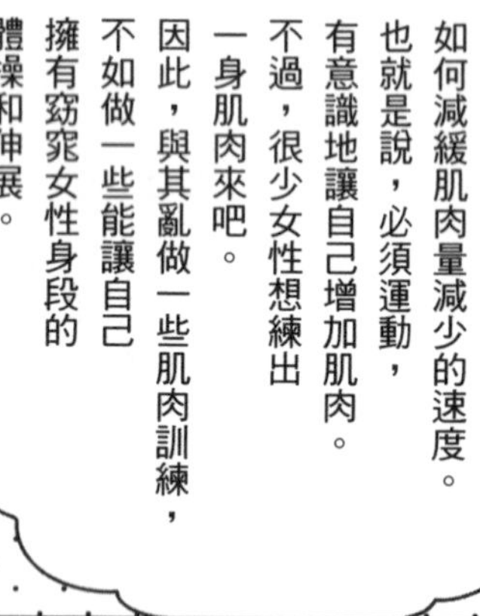
要維持身材，重點是如何減緩肌肉量減少的速度。也就是說，必須運動，有意識地讓自己增加肌肉。不過，很少女性想練出一身肌肉來吧。因此，與其亂做一些肌肉訓練，不如做一些能讓自己擁有窈窕女性身段的體操和伸展。

因此最好鍛鍊「內部肌肉」！
肌肉大致分成內部肌肉和外部肌肉。

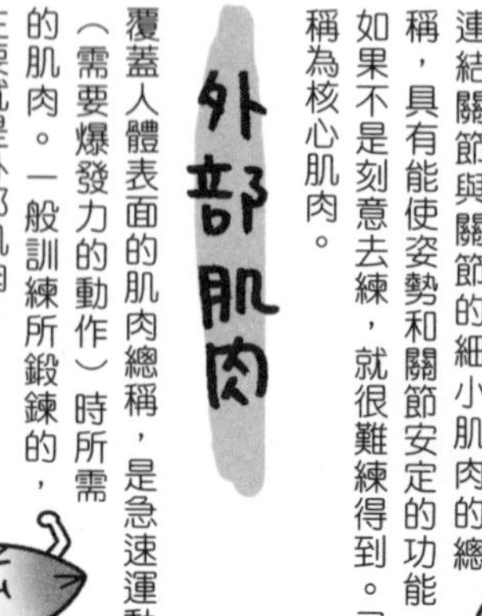
內部肌肉
連結關節與關節的細小肌肉的總稱，具有能使姿勢和關節安定的功能。如果不是刻意去練，就很難練得到。又稱為核心肌肉。
外部肌肉
覆蓋人體表面的肌肉總稱，是急速運動（需要爆發力的動作）時所需的肌肉。一般訓練所鍛鍊的，主要就是外部肌肉。

健美選手就是外部肌肉很發達，所以有那樣的身材。
對，對。但鍛鍊內部肌肉並不會變成肌肉發達的體型。

鍛鍊內部肌肉帶來的主要效果

① 基礎代謝提升，身體變得緊實

基礎代謝提升，就能變成不易發胖的體質。此外，因為鍛鍊內部肌肉的姿勢會活動到平常不會活動的部位，如果好好組合這些姿勢，整個身體就會變得緊實。

② 能排出體內多餘老廢物質和水分

做鍛鍊內部肌肉的運動，身體會放鬆、緊繃，血液和淋巴液的循環會變好，使得體內無用的水分和老廢物質得以排出。對冰冷症、肩膀僵硬、腰痛也有效。

③ 調整自律神經功能

和脊椎並行的自律神經如果紊亂，就會引起頭痛、失眠、暈眩等各種不適。鍛鍊內部肌肉，能使脊椎變直、姿勢變好，也能調整自律神經的功能。

④ 減輕壓力

鍛鍊內部肌肉的運動，幾乎都很重視呼吸。藉由深而緩慢的呼吸，就能釋放過多的緊張和累積的壓力，重新讓心靈得到平衡。

請問…我聽說這裡有測量基礎代謝的機器…
鳥居小姐說她瘦不下來，是因為基礎代謝低的關係。
我們可以測量一下嗎？
當然！馬上就來測量看看吧。不過，測量時最好都是女性在場比較好。我就稍微離開一下嘍。
我先離開
OH紳士…
那麼就靠你來測量嘍！
請多指教
請多指教
那我們來測量吧。
敲敲
嗶嗶
嘰——
（列印結果中）
出來了。基礎代謝值是1324卡。
嘿嘿，果然很低吧？
不…
和您差不多年紀的女性平均是1千1百～1千2百卡
所以您反倒是比較高…
咦——！
怎麼可能!!!
誰說自己基礎代謝低，所以瘦不下來啊？
我聽了都覺得不好意思！
怒——
怎麼會這樣～那我為什麼瘦不下來…

消耗的熱量分成三部分：「基礎代謝」、「生活活動代謝」、「飲食誘導性熱代謝」。

基礎代謝

內臟運作、呼吸，以及維持生命所需要的熱量。簡單來說，就是光躺著也會消耗的熱量。

生活活動代謝

運動、工作、日常活動等所消耗的熱量。

飲食誘導性熱代謝

飲食中和飲食後消耗的熱量。用餐時會流汗就是這個原因。

Harris Benedict方程式

・女性

1天的基礎代謝量＝665＋9.6×體重(kg)＋1.7×身高(cm)－7.0×年齡

・男性

1天的基礎代謝量＝660＋13.7×體重(kg)＋5.0×身高(cm)－6.8×年齡

鳥居小姐的狀況
就好像是
平底鍋雖然加熱過，
但奶油的量太多，
所以無法熔化完呢。
生氣…
不過原來如此啊
呵
基礎代謝和肌肉量成正比。
如果什麼事都不做，
它就會一直往下降。
年輕的時候
很多人
只要節制飲食，
體重就會一路下滑。
不過30歲左右
基礎代謝降低，
就很難這樣了。
無法像以前一樣燃燒

而且，減肥光靠節制飲食
反倒會使肌肉和脂肪一起減少
所以，短時間看來體重是減輕了
但之後就麻煩了
脂肪
連我也一起
肌肉

肌肉減少
基礎代謝下降
吃得和減肥前一樣就會變胖
啊，原來如此…
好可怕！
不只這樣喔。

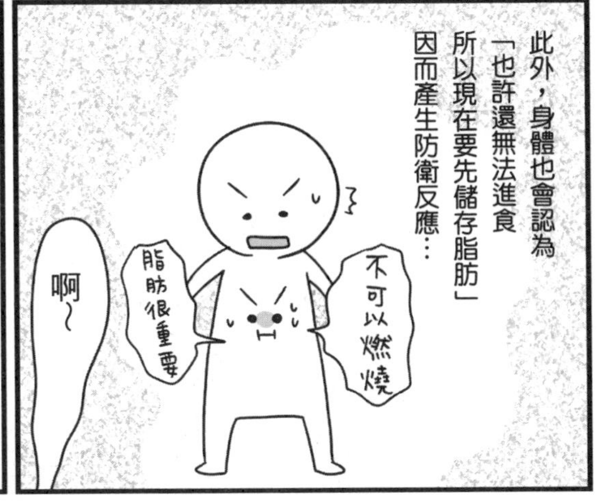
此外，身體也會認為
「也許還無法進食
所以現在要先儲存脂肪」
因而產生防衛反應…
不可以燃燒
脂肪很重要
啊～

結果也可能
使身體變成
「用少少熱量
即能大量活動」
的「節能模式」
連我都覺得燃料費真省啊
這是適應狀況之後的結果

我以後
絕對要停止
只靠節食的
減肥方式。
雖然之前做了不少…
重要的不是
瘦到什麼程度，
而是多趨近
美麗的體型，
一定要確實
鍛鍊出肌肉喔。
我已經
非常清楚了！
具體來說
能怎麼鍛鍊
內部肌肉呢？
長時間做
對身體負擔低
的訓練。
這是基本原則。
從這個角度來看…
我推薦瑜伽、皮拉提斯、
芭蕾伸展等運動。
哇！
全都是
很受女性歡迎的運動耶！
因為不用運動得氣喘吁吁，
就能愉快地
鍛鍊出曼妙身材，
所以我們這些課程
也都很受歡迎。
全部!!
請教我們
全部!!
好！那麼
就請專業的指導教練
來說明。
今天請
多多
指教！
哦～

瑜伽
那先從瑜伽開始。
兩位做過瑜伽嗎？
我因為書的企畫曾經有一個月每星期做一次。
我只體驗過一次。

原來如此。
妳們對瑜伽有什麼印象呢？

因為看不到什麼實際效果…所以很難持續。
雖然做完瑜伽後有種爽快感，感覺很好…

如果希望身材有所改變一星期做一次瑜伽只做一個月也許很難實際感受到效果
聽說很多人都是在練三個月左右開始感受到效果
不過，這三個月之間身體是一點一點在改變喔

痛痛痛
我身體很僵硬，所以只覺得瑜伽是一種苦行…馬上就放棄。

開始練瑜伽前

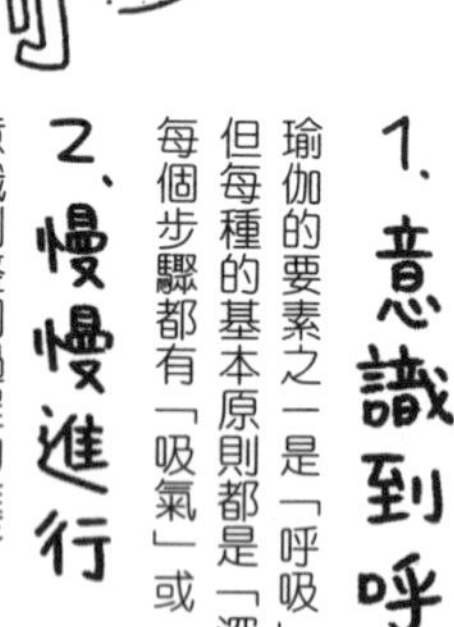

1. 意識到呼吸

瑜伽的要素之一是「呼吸」。雖然有各式各樣的呼吸法，但每種的基本原則都是「深深地、慢慢地呼吸」。本書的每個步驟都有「吸氣」或「吐氣」的記號可供參考。

2. 慢慢進行

意識到整個過程的進行，集中精神，面對自己的身體。如果太過使力或反向使力，會傷害身體。

3. 不要勉強

在感覺疼痛前停止。一邊想像著最終的「完成姿勢」，一邊伸展身體直到極限但舒服的程度。

4. 做瑜伽最好的時間是起床後

起床後，肚子還是空著時，是做瑜伽的最佳時間。睡覺前也不錯。進食後，身體會因為要消化而消耗能量，最好避免。

5. 一天的目標是做一個以上的姿勢

雖然一星期集中一小時做一次也可以，但一天做一個姿勢（最好是早晚各三～五分鐘），更容易有實際感覺。

貓式

緊實腰部和臀部

臉朝下，呈跪姿。

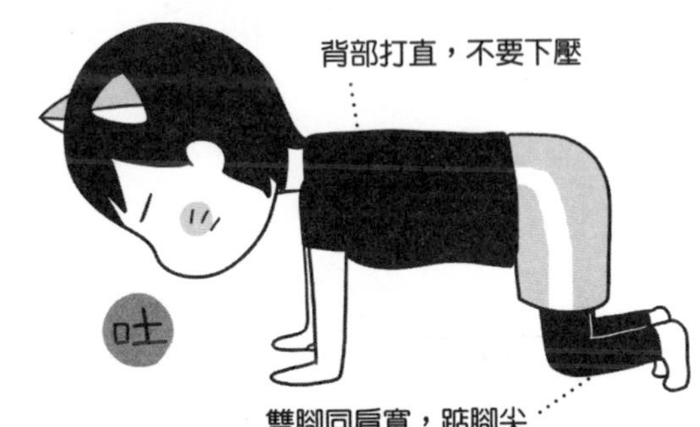

慢慢拱起背部，頭埋入兩手之間。

背部下壓的同時，頭朝上。慢慢重複2、3的步驟3～5遍。

犬式

緊實背部線條，也讓頭腦清楚

趴在地上，手和身體呈平行地放在胸口兩側。

伸直雙手，同時慢慢拉起上半身。慢慢重複整套動作3～5次。

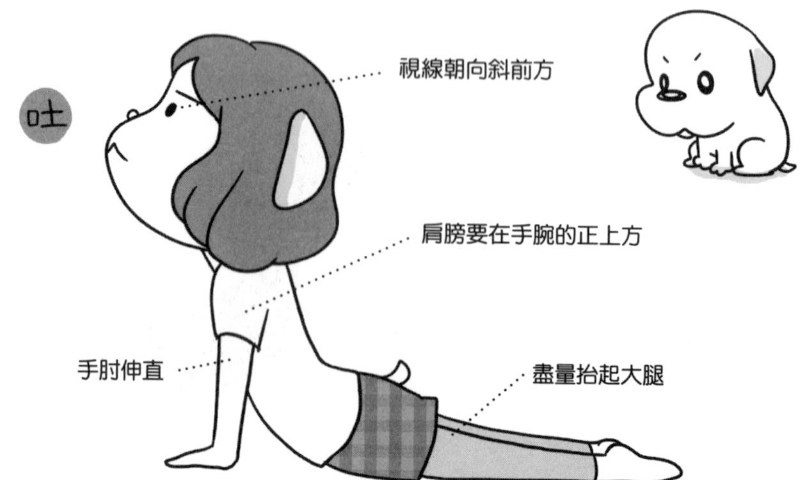

提胸及緊實背部曲線，對失眠也有效

1 仰躺，手掌朝上，放在臀部下方。

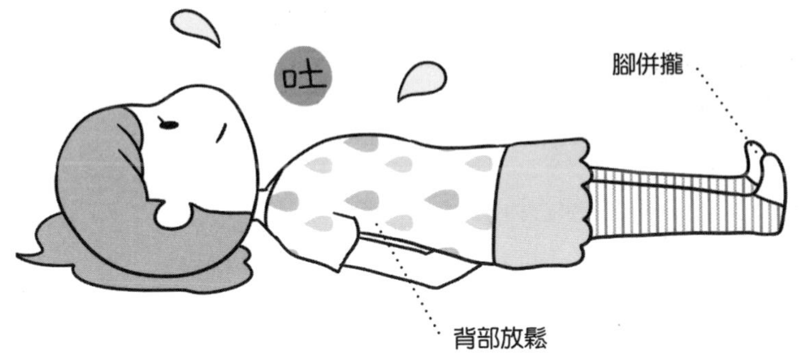

2 手肘頂地，一邊吸氣，胸部上挺。吐氣，回到步驟1的狀態，慢慢重複3～5次。

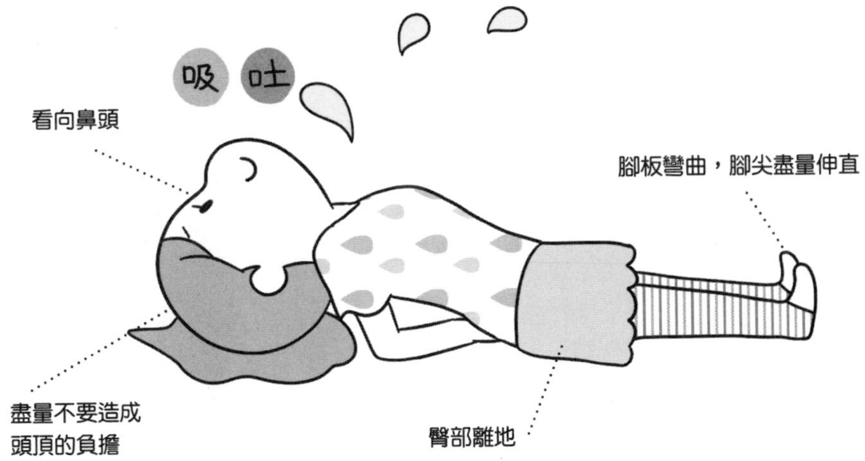

半月式

緊實斜腹部

站直，雙手朝上，在頭頂上合掌。

2

一邊吐氣，上半身向右彎。吸氣的同時，回到步驟1的姿勢，然後吐氣，上半身向左彎。請慢慢重複3～5次。

三角式

緊實腰部和大腿
也能改善肌膚乾燥

雙腳大開，手臂向左右兩邊伸展，和地板平行。

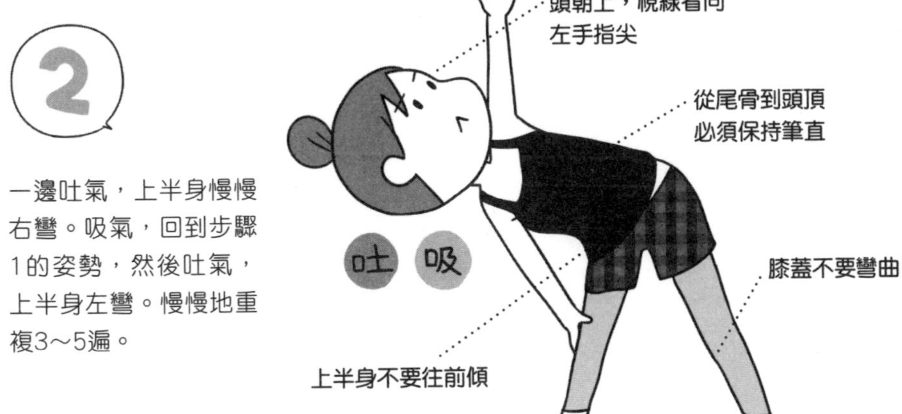

一邊吐氣，上半身慢慢右彎。吸氣，回到步驟1的姿勢，然後吐氣，上半身左彎。慢慢地重複3～5遍。

皮拉提斯

下一個是皮拉提斯！
妳們兩位曾經做過嗎？

我一次都沒體驗過。
我也是。因為沒有皮拉提斯需要的抗力球。
雖然之前有，但是有破洞…

皮拉提斯或許會讓人覺得需要抗力球才能做，但也有很多不需抗力球的姿勢。
今天我們就來教不用抗力球的運動。

不好意思，我想問個很入門的問題。瑜伽和皮拉提斯有什麼不同？
的確會有疑問，姿勢很像，做皮拉提斯時呼吸似乎也很重要…
沒錯。它們相似的部分確實很多。

也有運動是結合瑜伽和皮拉提斯，所以很難說明兩者的不同…如果非說明不可，就是皮拉提斯的重點更放在「打造身體」上。

瑜伽雖然有很多流派但多數流派的最終目標都是「活動身體，取得心靈平衡」

相對的，皮拉提斯追求的目標是「塑造美麗柔軟的身體」。
說得更正確點，皮拉提斯的最終目標是「讓骨頭和肌肉在正確位置上正確使用」。
能正確使用嗎
肌肉也有正確位置嗎…

這是因為皮拉提斯原本是為了在戰爭中受傷的士兵所開發的復健運動
德國籍的皮拉提斯先生
為了士兵!!
唔…

士兵!!
咦〜!
但完全讓人覺得是女性的運動!!
真意外!!
因此，有很多躺著也能做的運動。

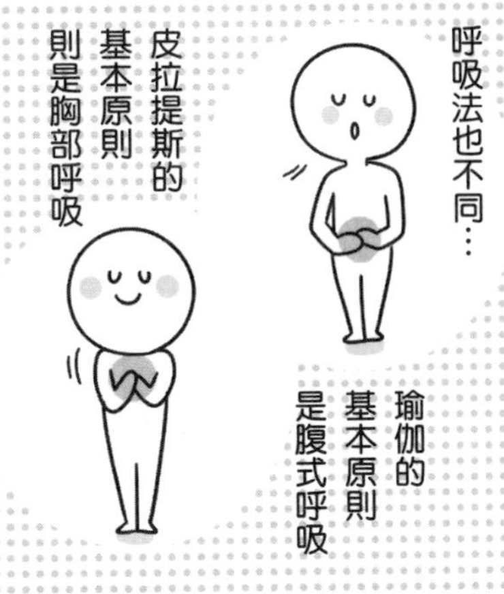
呼吸法也不同…
皮拉提斯的基本原則則是胸部呼吸
瑜伽的基本原則是腹式呼吸

此外瑜伽是完成一個姿勢後會保持身體不動
但皮拉提斯比較多是一直在動的動作

開始做皮拉提斯前

1、意識到呼吸

做一個姿勢時，以十秒完成一次呼吸是基本原則——進入動作前，用五秒吸氣；開始做動作時，邊做動作，邊以五秒吐氣。縮腹，想像氧氣輸送進身體裡。

2、意識到骨骼和肌肉

皮拉提斯被稱為「思考的運動」。要常常與身體對話，邊做邊思考現在是哪塊骨頭和肌肉在動、在什麼位置才是對的。

3、順勢而為

和瑜伽一樣，要注意不要產生反作用力。只使用自己身體的重量，慢慢順勢地做動作。

4、目標是一週三次、每次十五分鐘以上

想要感受到更實際的效果，每天要做十五~三十分鐘，並避免用餐過後做。

NG

順勢

接著，就是實踐！我們要介紹五個姿勢，因為稍微有點難度，請不要勉強，慢慢地做吧！

捲身上起

緊實背部和腰部

仰躺，雙手在頭上伸展，雙腳彎曲，慢慢吸氣。

吐氣的同時，抬起上身，在離地約45度處停止。
慢慢重複步驟1、2。

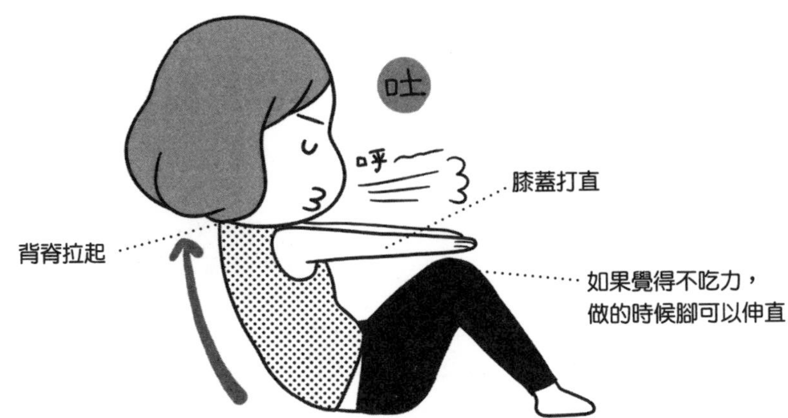

螺旋式轉動

緊實腰部

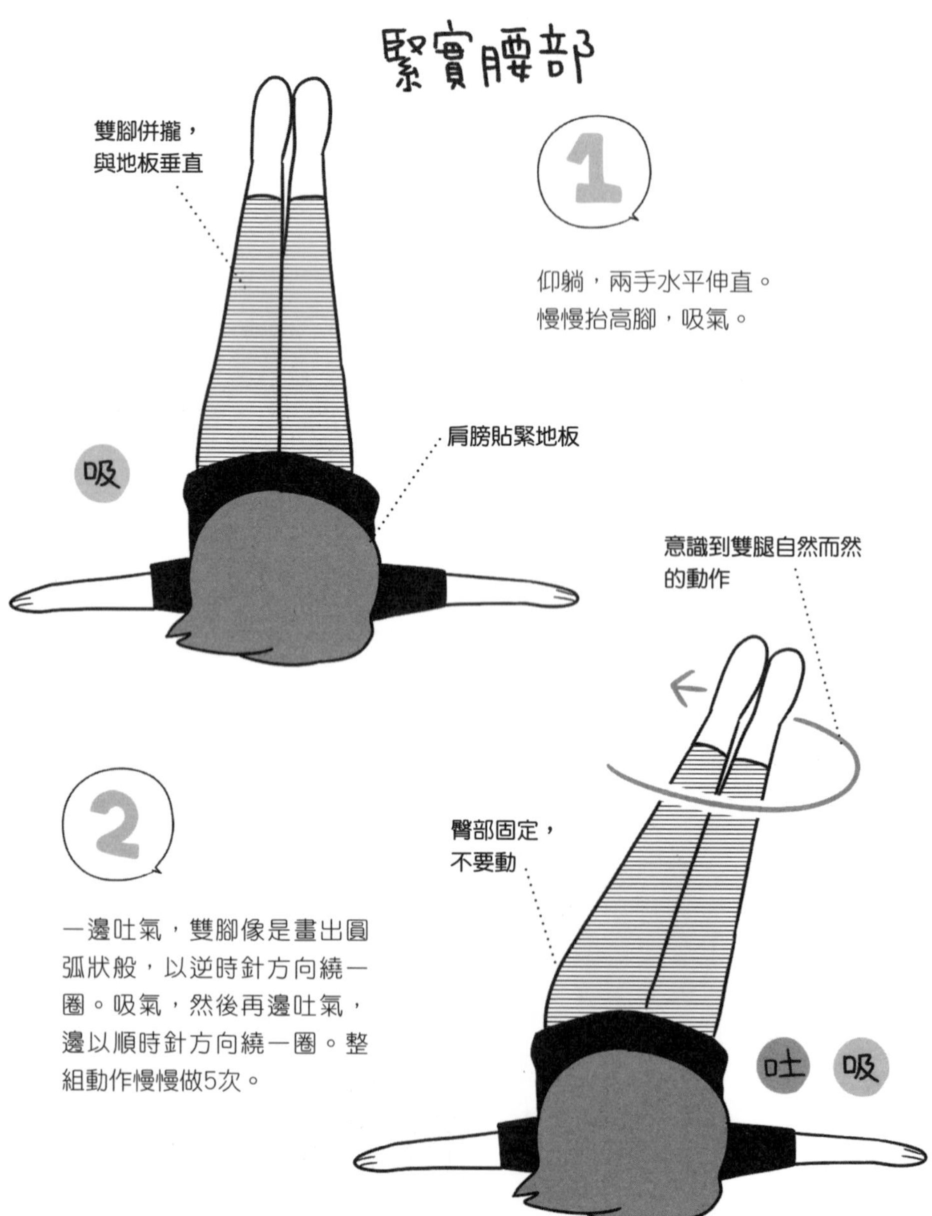

仰躺，兩手水平伸直。
慢慢抬高腳，吸氣。

一邊吐氣，雙腳像是畫出圓弧狀般，以逆時針方向繞一圈。吸氣，然後再邊吐氣，邊以順時針方向繞一圈。整組動作慢慢做5次。

扭腰伸展

緊實下腹部

1 坐著，雙手朝兩邊伸展，雙腳張開45度，吸氣。

2 一邊吐氣，上半身向左扭轉，右手伸向左腳腳尖。吸氣，回到步驟1，反方向再做一遍。左右各1次為1組，請重複10次。

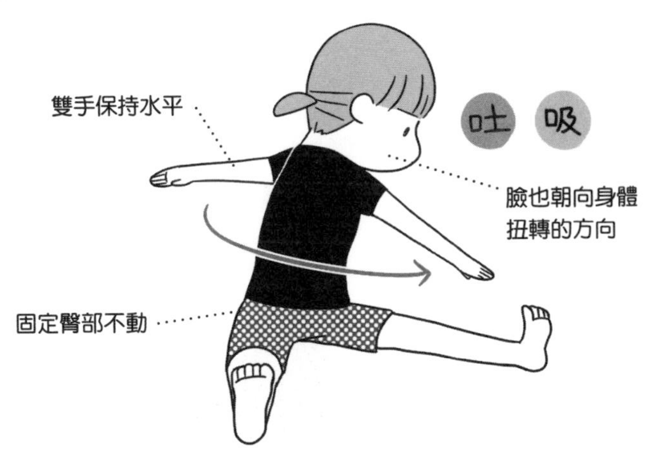

單腳上踢

緊實大腿內側

1 趴在地上，手肘彎曲，和地板呈直角，抬起上身。吸氣的同時，腳尖往正下方伸展。

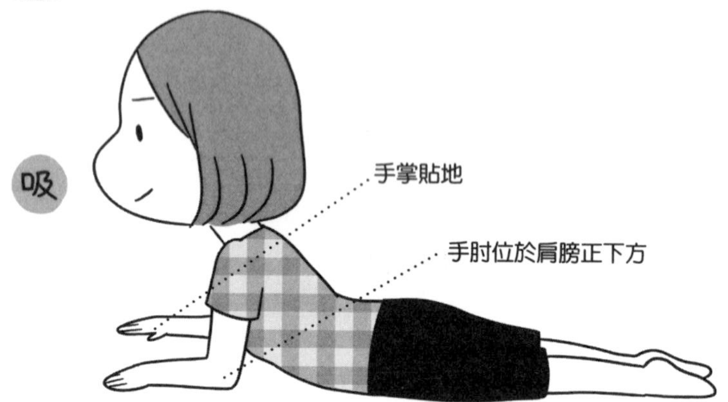

2 吐氣，右腳慢慢往上踢，直到感覺疼痛時停止動作，吸氣。吐氣，回到步驟1的姿勢，左邊也同邊往上踢。左右為1組，共重複10次。

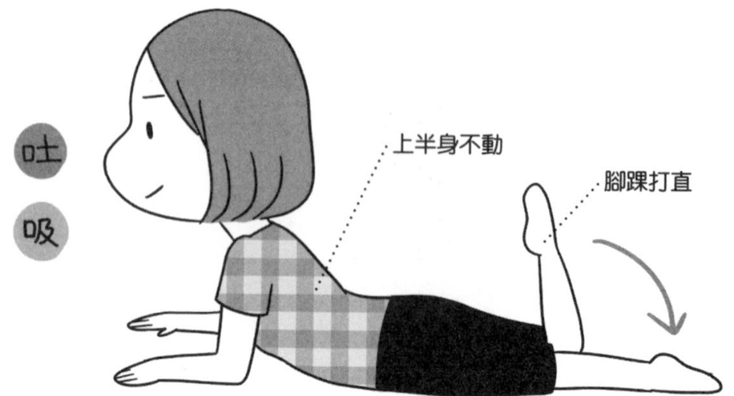

拉提大腿內側

緊實大腿內側

橫躺，左腹貼地。左手支著頭部，雙腳伸直。

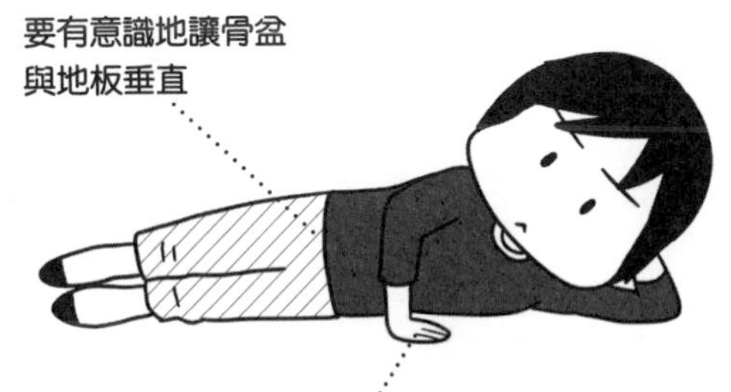

右腳彎曲，
貼於左腳內側，吸氣。

吐氣，左腳往上抬。抬到定點後，吸氣，然後吐氣回到步驟2的姿勢。左右為1組，重複10次。

芭蕾伸展

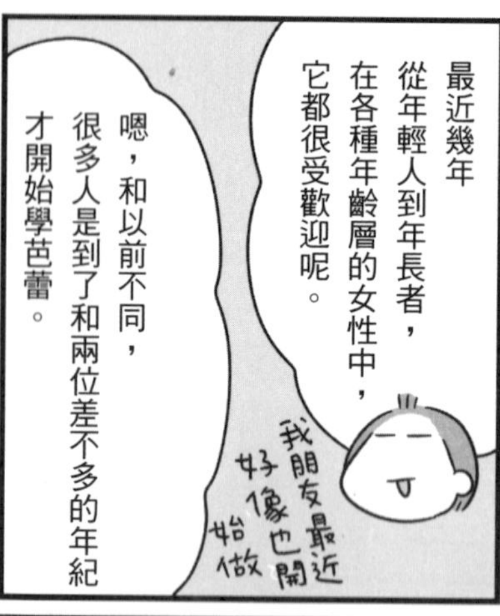

不過，芭蕾
並不是「美麗的人
在做的運動」
而是「想變美麗的人
在做的運動」

開始做芭蕾伸展前

1、不要勉強！

喀

要讓僵硬的身體做出確實的姿勢會太勉強。在感覺到舒服的疼痛時，就停止，慢慢地讓身體變得柔軟。

2、注意自然呼吸

在轉換動作時容易停止呼吸，這麼一來，肌肉就難以伸展，氧氣也不會傳至肌肉，所以要持續呼吸。

吸
呼

3、意識到伸展的部位

如果意識到是身體的哪個部位在伸展，伸展效果就會提升。

4、目標是每天做五分鐘以上

與其一次做很久，不如每天都稍微做一點，身體的柔軟度才會提升。可以養成在每天起床後、洗澡後做此伸展的習慣。

接下來我們來挑戰五個芭蕾伸展動作！

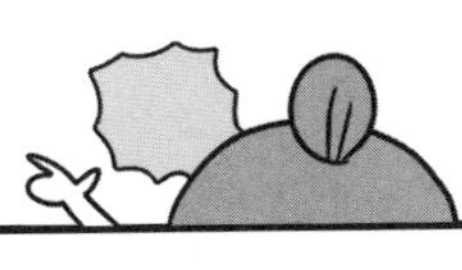

緊實上手臂

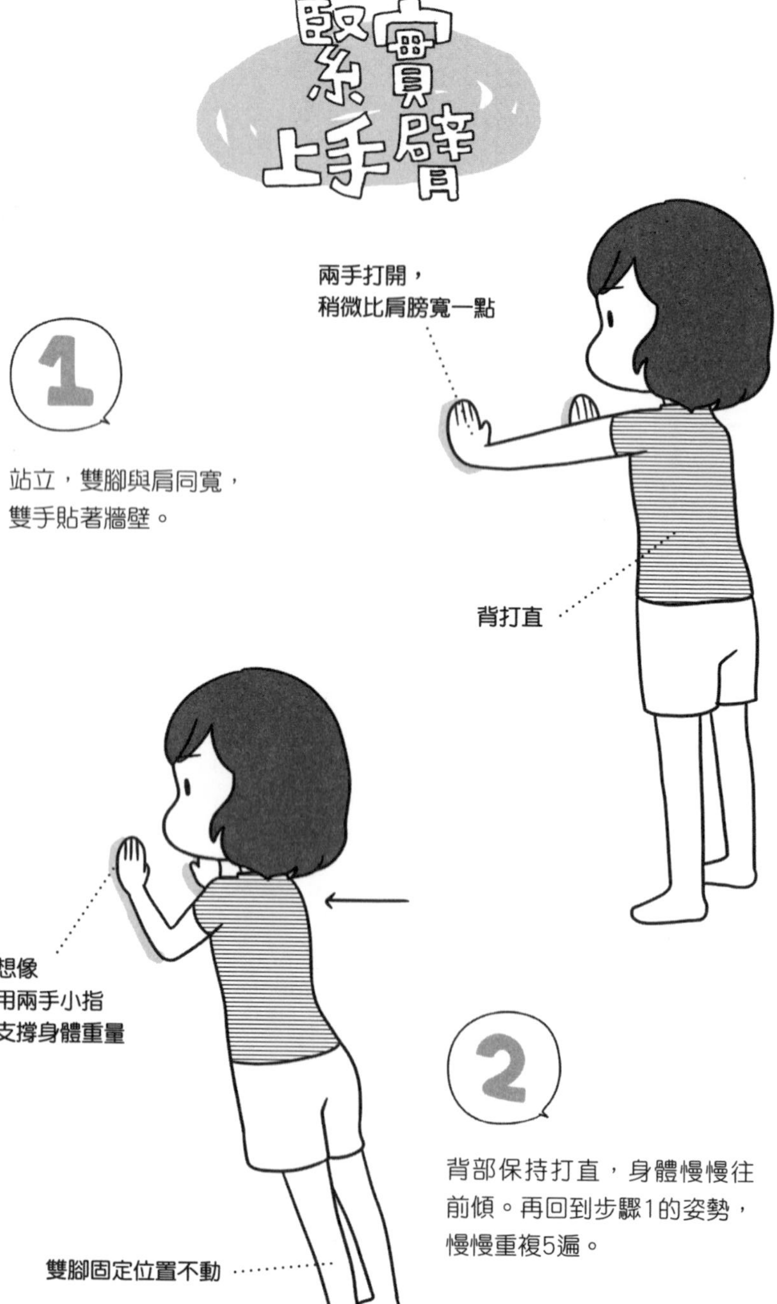

1

站立，雙腳與肩同寬，
雙手貼著牆壁。

2

背部保持打直，身體慢慢往前傾。再回到步驟1的姿勢，慢慢重複5遍。

鍛鍊腹部&背部

1 仰躺，兩手水平伸直張開。

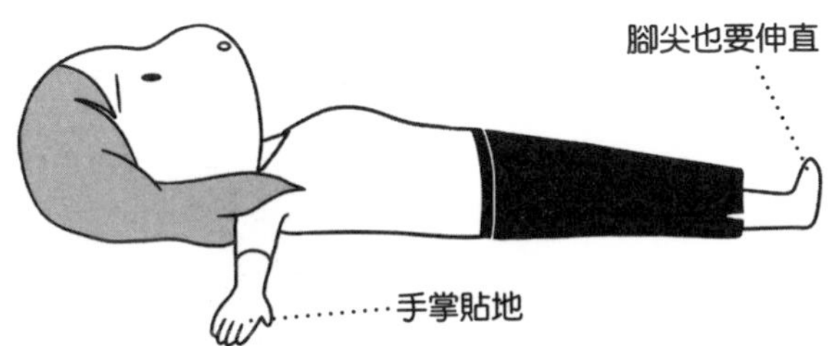

2 雙腳曲膝上抬，右腳再往前伸直。

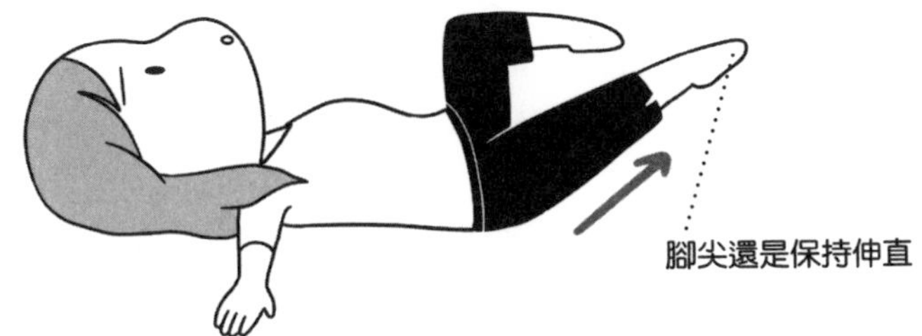

3 左腳伸展的同時，右腳膝蓋彎曲。
左右為1組，重複5次。

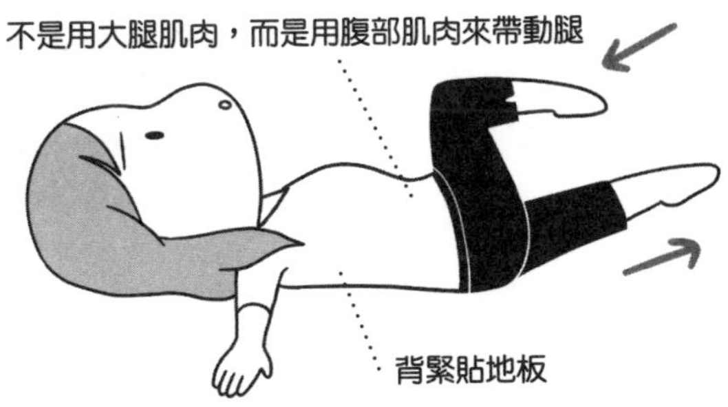

緊實腰部

1

仰躺，右膝呈直角彎曲抬高。

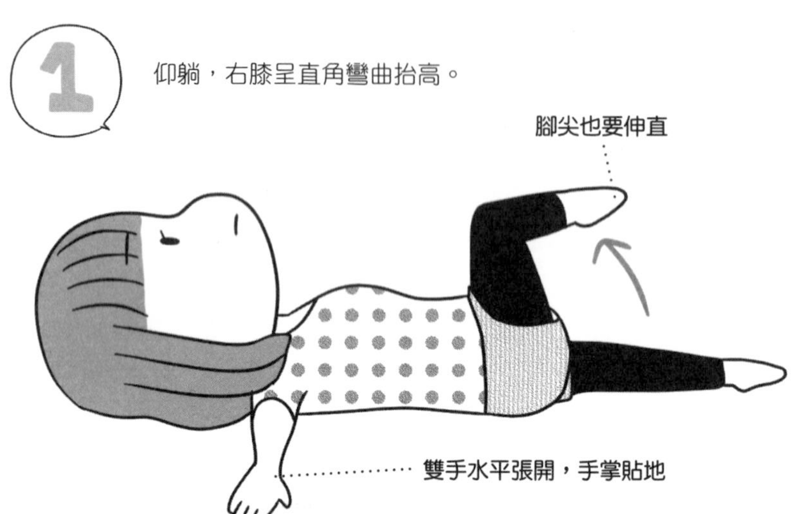

2

腰部轉向左側，讓右腳能踩地為止，然後停留10秒。左側也一樣。左右為1組，重複3次。

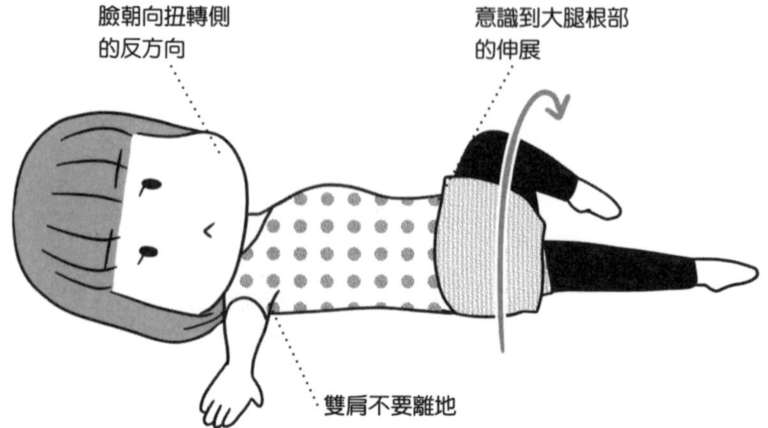

柔軟股關節

1 背打直，盡量伸展雙腿坐著。

2 上半身慢慢前傾，直到感覺痛且舒服的點時，停留20秒。回到步驟1的姿勢。重複3遍。

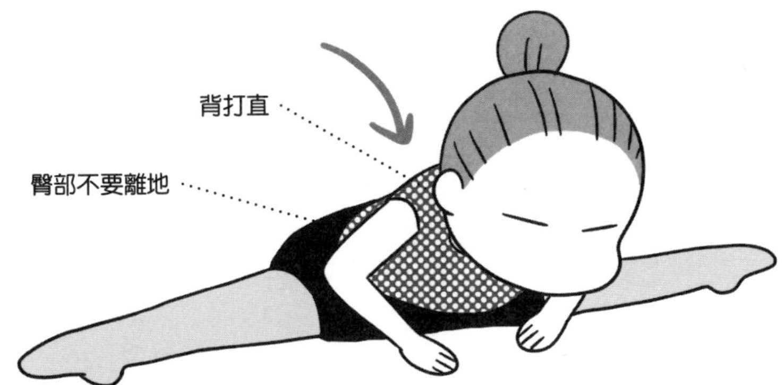

緊實小腿

1 伸直背脊，抱膝坐著。

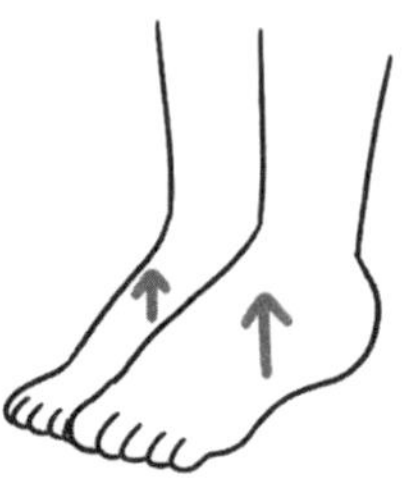

2 腳掌提高，不踩地。

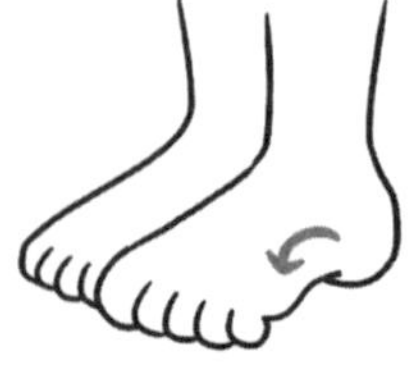

3 固定腳跟位置，
腳趾往內縮。

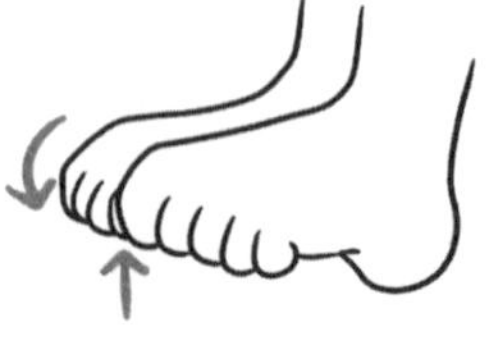

4 腳趾盡量往內縮，
腳尖離地。

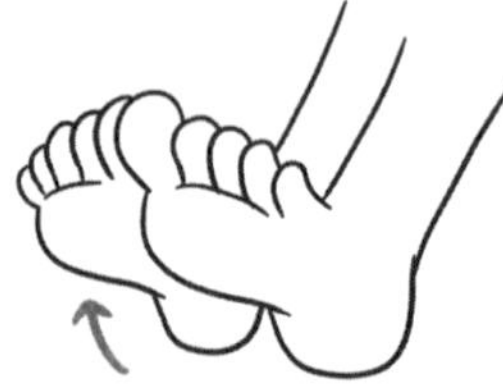

5 腳尖用力伸直。

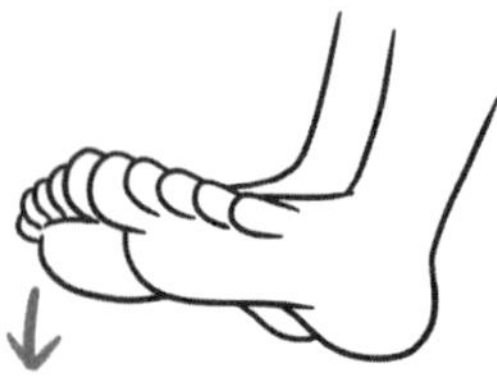

6 腳掌再度慢慢貼地。
步驟1～6為1組，
重複10次。

關於健康
骨盆

骨盆
雖然很突然……
但是……

我覺得自己的骨盆歪了。
太近了——

因為妳看嘛，我下半身很胖很難瘦，而且還有腰痛!!
嗯嗯，骨盆啊。常聽說骨盆歪了不好耶。
嗯嗯
咚咚

松永小姐妳這什麼態度嘛！
因為鳥居小姐
哇

妳在健身房時也曾經嚷著「我就是因為基礎代謝低所以瘦不下來」。
……
結果妳的基礎代謝不是還比平均值高嗎！

我真是佩服妳總是能找到一些理由來說自己為什麼瘦不下來。
……
呵。

妳為什麼不反駁？
……

…這次
不一樣啦！
怎麼
這樣!!
絕對
是歪了啦！

我就是
知道啦。
因為是我自己
的身體。
大概
就是這種狀況
我就是知道
就是
這裡
歪掉了
鳥居
妳這麼說的話，
乾脆去給
專家看看好了。
呵～～
來去吧

如果歪的情況
沒什麼不大了，
又是笑柄了。
笑

我們來到
美容和健康的專門機構
「磯部整體中心」

你好。
你好—
妳們好。
哎呀，
哎呀呀！

妳是
松永小姐？
這一、兩年
生了孩子？
啊，對。
大約一年半前…
是這樣吧—
對、對。
……!!
名片

因為
妳的骨盆
非常開喔。
肩膀的高度不同，
腳的長短也不一樣。
而且，內臟凸出，
小腹也凸出。
凸出
咦，
我看看
啊!!

……!!
再見
松永小姐振作點！
喂！
抱歉抱歉。

我突然這麼說，真是太沒禮貌了。
磯部整體中心
磯部院長
生孩子後骨盆就會一口氣大開喔。
不過，沒關係。只要好好保養，骨盆之後也還是能緊閉。

院長！你光看就知道了嗎？
嗯，大概能知道。
當然做治療時會看得更清楚喔。

好、好厲害……
趴定!!
院長，請你也幫我看看！
好，好。

嗯。
鳥居小姐麼…普通。
普通—？

除了一流運動選手外，每個人的骨盆都會歪，都是開的。
只差在程度的輕重。
我骨盆歪的程度是平均值嗎？
沒錯。

……
哈哈哈哈哈！
果然和我想的一樣，根本不怎麼嚴重。
像我這樣的人才有資格說是骨盆歪了！

……
松永小姐…
啊，自己吐自己槽了…

雖然如此，
我印象中這個平均值最近變差了。

也就是說骨盆有問題的人增加了很多
好痛…

因此，骨盆一般歪的鳥居小姐，只要確實關閉骨盆，體型就會有很大的改變喔。
真的嗎？——院長，請馬上教我們關於骨盆的知識！

首先是檢視自己的身體，了解骨盆歪的狀況。
好！
請看下一頁喔～

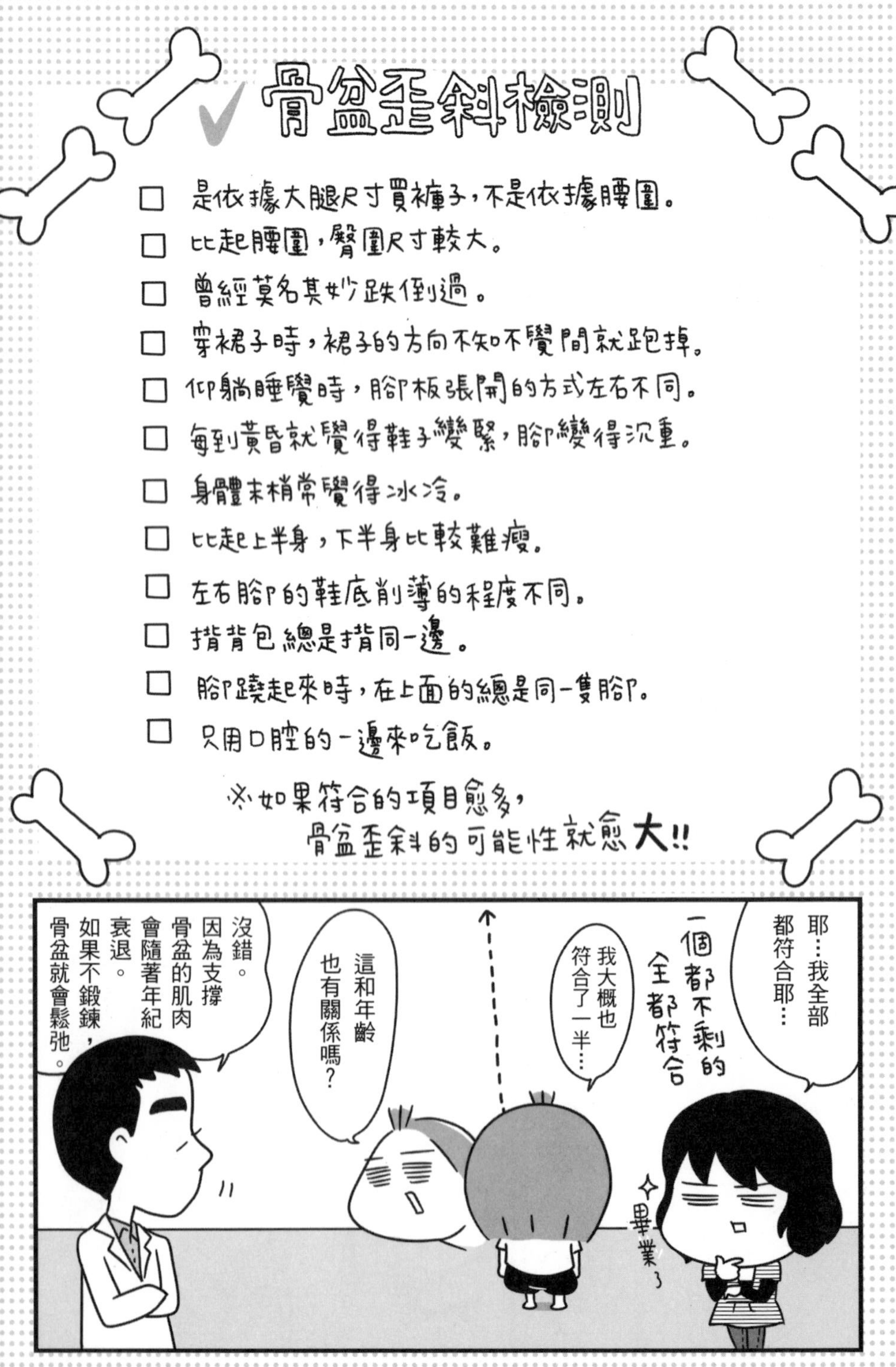
骨盆歪斜檢測
□ 是依據大腿尺寸買褲子，不是依據腰圍。
□ 比起腰圍，臀圍尺寸較大。
□ 曾經莫名其妙跌倒過。
□ 穿裙子時，裙子的方向不知不覺間就跑掉。
□ 仰躺睡覺時，腳板張開的方式左右不同。
□ 每到黃昏就覺得鞋子變緊，腳變得沉重。
□ 身體末梢常覺得冰冷。
□ 比起上半身，下半身比較難瘦。
□ 左右腳的鞋底削薄的程度不同。
□ 揹背包總是揹同一邊。
□ 腳蹺起來時，在上面的總是同一隻腳。
□ 只用口腔的一邊來吃飯。
※如果符合的項目愈多，
骨盆歪斜的可能性就愈大!!
耶…我全部都符合耶…
一個都不剩的全都符合
畢業
我大概也符合了一半…
這和年齡也有關係嗎？
沒錯。因為支撐骨盆的肌肉會隨著年紀衰退。如果不鍛鍊，骨盆就會鬆弛。

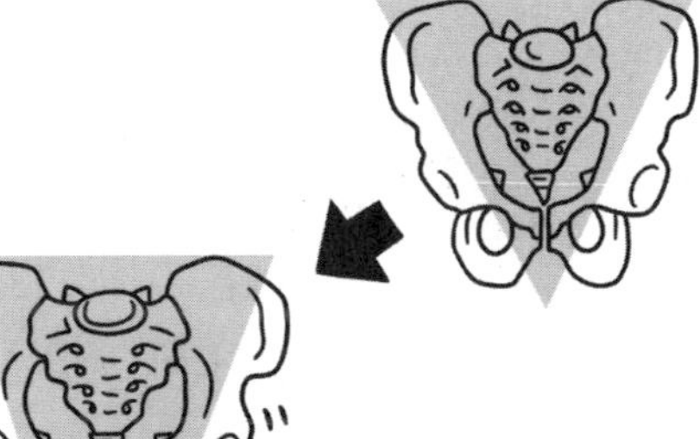
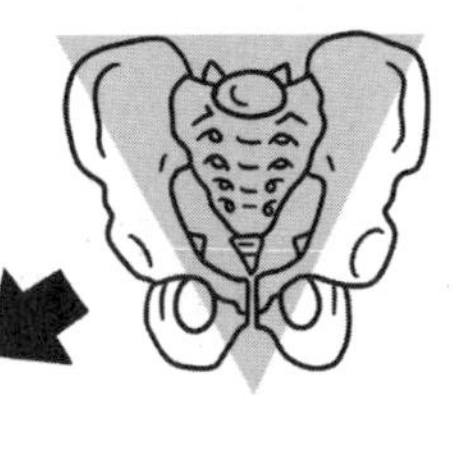

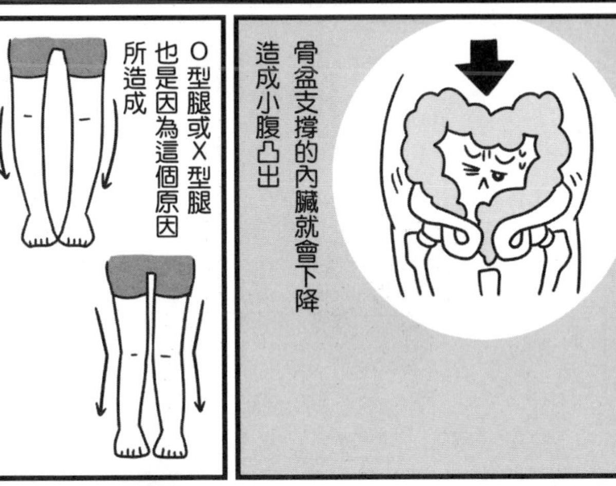

此外，腳的長度和肩膀高度左右不同
脖子往一方傾斜…

再者，骨盆壓迫到的內臟
使其活動力變弱
代謝也變差

還有呢！
腰痛
肩膀僵硬
生理痛
便秘
高血壓
不孕症
漏尿
骨盆歪斜
它也會造成這些問題喔。
漏尿……？
怒

因此就造成下半身肥胖。
啊啊啊啊啊
……
骨盆好可怕!!

松永小姐……難道妳……!!
……

產後，突然變成那樣，雖然現在已經治好了…
我一輩子都不想再那樣了!!!
原來是骨盆的錯！
產後漏尿是很普遍的狀況，大約有半數孕婦有這種經驗喔。不過，如果骨盆張開和骨盆底肌群鬆弛的情況太嚴重，漏尿的狀況就很難改善。
抖
抖

松永小姐請躺下來。

妳看，左右腳的長度大概差了兩公分左右。
2cm
哇！真的！怎麼會這樣？
天哪！不會吧!?

接下來……
啪
嘿
啪
厚
啪
厚
啪
嘿！

三分鐘後

好了，雙腳的長度變得一樣了。
哦！真的耶！

什麼？魔法嗎？恭喜妳松永小姐！
漏尿拜拜！
我都說了，漏尿早就已經治好了。
安心

不過，一點也不痛耶！光是這樣腳就變得一樣長了！
松永小姐因為生過小孩，骨盆還是開著的。總之，就是先做緊急處理。

不過，如果能定期來讓院長看診，應該最好吧……
很難定期來耶……
骨盆和骨盆底肌群可以透過懂訣竅就能掌握的簡單體操，讓它們回到正確位置並得到強化喔。
不過，如果不持續一段時間骨盆又會張開，所以認真持續做很重要，持續就會變成力量！此外，也要注意平常一些不經意的動作。
嘿咻

骨盆矯正體操＆伸展

＊首先要暖身！先伸展全身

仰躺，兩手在頭上伸直，
雙腳併攏伸直。

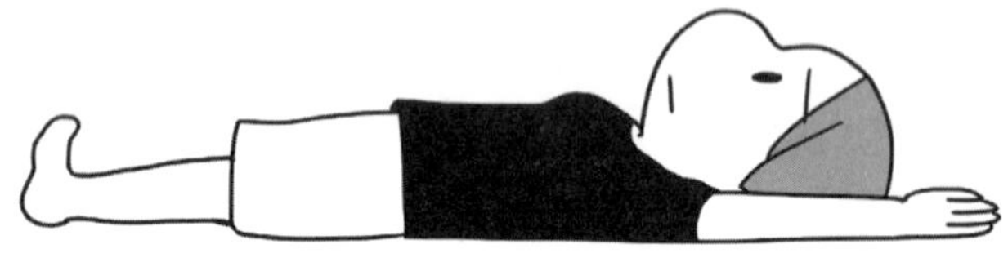

一邊吐氣，全身繃緊伸展。想像肚臍的上方是往上伸展，肚臍下方是往下伸展。

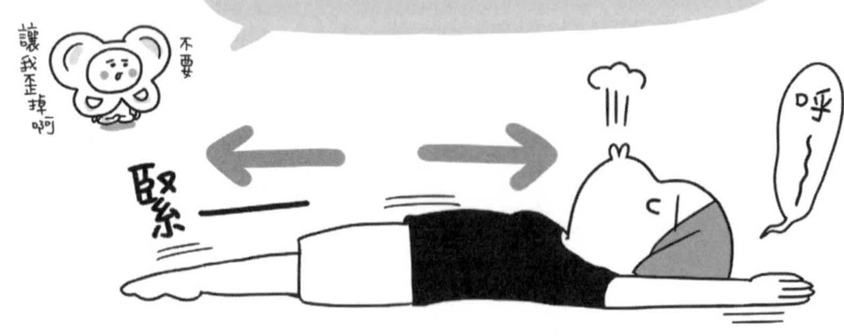

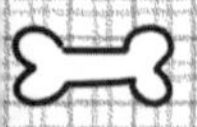
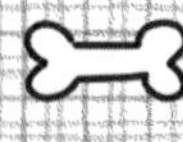

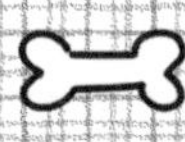

骨盆矯正體操&伸展

之1

①仰躺，手在身體兩側自然下垂，手掌貼地。雙腳打開，與肩同寬。

START!!

②一邊意識到股關節，慢慢將兩腳腳尖往內縮。

股關節

5次1組/1天1組

停止!!

③縮到一個定點後，吐氣，維持姿勢不動三秒鐘。一邊吸氣，慢慢回到原來的姿勢。

吸氣

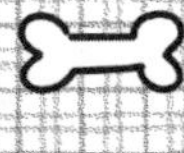

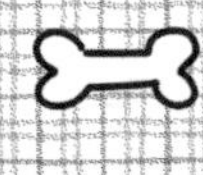
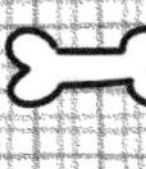
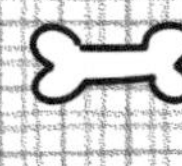

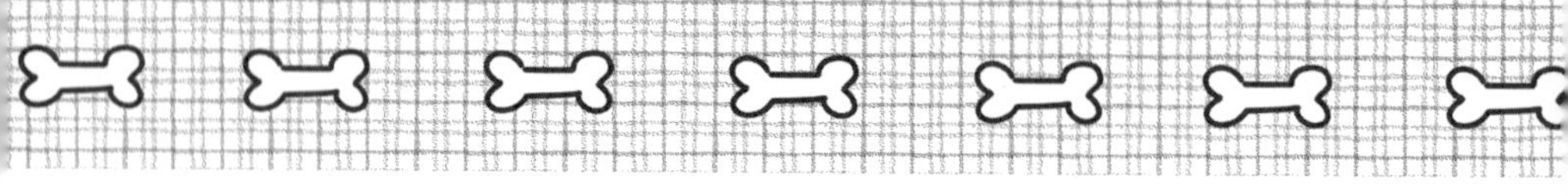

①仰躺，兩手伸直張開，右腳彎曲抬高。

②左手抓住右腳膝蓋，一邊吐氣，慢慢往左倒下。這時候，兩肩還是貼著地面。

③往下倒到自己覺得舒服的點，然後保持動作，停止四秒。慢慢回到原來的姿勢，再換邊做。

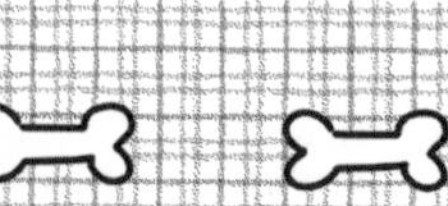

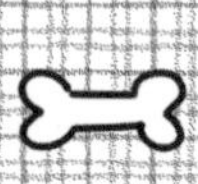

骨盆矯正體操&伸展

之3

①雙腳打開同肩寬，手在胸前交叉。

5秒

STOP!!

呼

②一邊吐氣，想像膝蓋內側黏在一起，慢慢彎曲膝蓋。背不要拱起。

吸氣

③彎曲到一個定點後，停留五秒鐘。一邊吸氣，慢慢回到原來的姿勢。

10次1組
/1天1組

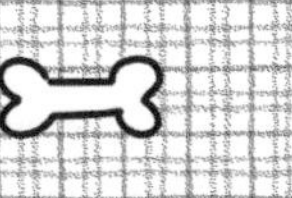
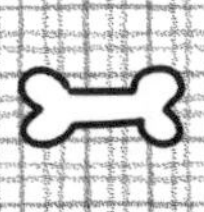
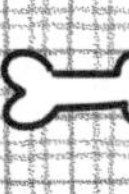

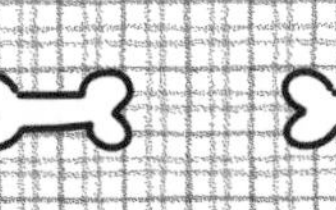
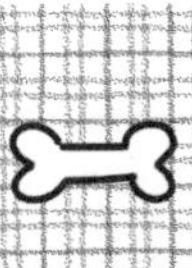

骨盆矯正體操＆伸展

之4

①仰躺，手放在身體兩側，手掌貼地，曲膝。

②一邊吐氣，臀部與大腿施力，慢慢抬起臀部。

③臀部上提到定點後，停留三秒；一邊吸氣，慢慢讓臀部下移。

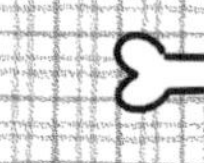

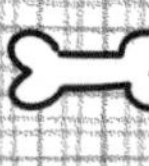

骨盆矯正體操＆伸展
之5
①
伸展背脊，跪在地上。手和腳打開同肩寬。
吐
②
一邊吐氣，腹部施力，慢慢抬高右手、左腳，讓它們和背脊成一直線。
吸
5秒
加油～
③
吸氣，保持這樣的姿勢五秒鐘，然後慢慢還原。另一邊也做相同動作。
5次1組
/1天1組

日常生活中要注意的事

①坐法

不可盤腿或側身跪坐。椅子要坐得深，伸直背脊，雙膝併攏，腳底最好貼地。不蹺腿最好，如果要蹺，左右兩邊的頻率要平均。

②走路方式

走路時，想像頭頂有根線拉著般，伸直背脊，一邊意識到重心要放在大拇趾直到大腿內側。

③鞋子

要選擇鞋尖處留有1公分空間、而腳跟剛好貼合的鞋子。如果只是以對骨盆有益作為考量，鞋跟最高不超過3公分。

④ 寢具

太硬或太軟都不好。仰躺時，背脊能呈S形曲線為佳。

⑤ 身體左右的平衡

要注意不論是包包的揹法或是吃東西的方式等，都不能只偏向某一邊。

老師！
今後我會努力做骨盆體操。
我也是！
抖抖
抖
我也是！
用這種態度讓骨盆確實閉合吧。

事實上…
我也在練氣功。
氣

為了提升氣，我不時也會去修行，像是去沖瀑布或瞑想等～
沖沖沖沖
!!

太帥了！
你會光用拇指和食指就剝掉核桃嗎？會用膝蓋和頭等部位頂著裝有熱水的碗定住不動嗎？
注入
哇哇哇
呃，不，我沒做過這些事…
我先回去了…
拿起

關於健康
婦科疾病

婦科疾病

那是三年前的事
啊—好累喔。
覺得最近身體好重～
欸—
沒問題吧？
按按

我今年的健康檢查結果，膽固醇的數字很嚇人…
嗯。
這麼吃是理所當然的吧…
我吃嘍…
吸

等等！妳從剛才就一直只會說欸和嗯什麼的。
鳥居小姐不會有身體不適什麼的問題嗎？
嗯，是多多少少會有啦…

很像老太婆喔。
這種話題。

很像老太婆!?
怒
不是啦…因為明明就還不到那個年紀嘛。
驚
慌慌

妳雖然覺得我這樣很像老太婆。
但妳很快就會變成我這樣!!
不不不…我不會那樣的～
撥

然後大約兩年後…

我以前因為嚴重的生理痛感到很煩惱

我跟著妹妹心不甘情不願來到婦產科

妳得的是卵巢巧克力囊腫。
這是子宮內膜異位症的一種。

咦咦咦!?
打擊
要手術嗎？會死掉嗎？叫父母來比較好嗎？

哇──
醫生…那是什麼樣的病？

在早期就處理的話，並不是可怕的疾病喔。
據說每十個女性中就有一人有這種狀況。
原來是這樣，太好了~

雖然如此，還是不可大意喔。
咦~

它也可能導致不孕或卵巢癌

暫時先吃藥
觀察一下狀況吧。

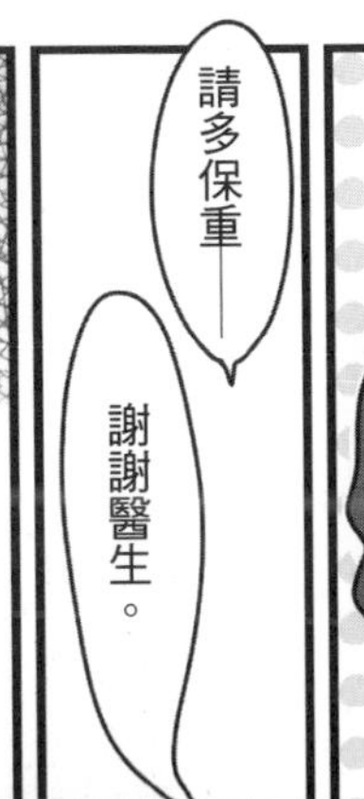
請多保重——
謝謝醫生。

哎，沒想到會變成這種狀況。
我覺得藉這個機會好好做健康檢查也很不錯。
IMO

健康檢查啊…松永小姐也跟我講過同樣的話，那時候我只是隨便敷衍…
妳差不多該好好做個健康檢查了
我說，請妳去做！
好好～

之後——

我不是說過了嗎？
不過，這次沒有大礙真是太好了。
真的。呵呵…

十幾歲的時候會覺得「大人動不動就說到健康的事」。
松永17歲
一直講健康要怎樣怎樣有點好笑
我很健康啊
等自己變成大人後才知道啊…
對啊。
嗯
嗯

等到快30歲時，不論怎樣都對健康產生興趣了…
嗯

隨著年齡增長產生的病痛變多了，然後，這個年紀開始自己以前不保養所種下的問題會開始浮現。
咦!?
好僵硬!!
硬
硬
硬
30多歲
因此正值在意健康年紀的兩人來到我診斷出有子宮內膜異位症的「目白診所」來做採訪
鳥居小姐最近身體如何?
是。謝謝關心，沒問題了。
請多指教
那真是太好了。
隨著年齡增加女性罹患乳癌和子宮相關疾病的風險也會提高所以今天我想來談這個問題並說明如何預防
得到疾病的風險
UP!
年齡
關於女性會罹患的「婦科疾病」──
① 子宮纖維瘤
② 子宮內膜異位症
③ 經前症候群
④ 乳癌、子宮癌、卵巢癌
雖然有很多種，但這幾種病最具代表性。
目白診所平田院長

子宮纖維瘤

在子宮肌肉所形成的良性腫瘤，至於為何會形成，清楚原因尚不明。25歲以後容易形成，據說每五個成年女性中，就有一人有子宮纖維瘤。因纖維瘤大小和形成部位的不同，有些患者並無法察覺症狀。有些案例是置之不理也不會有什麼問題，但它也可能造成不孕和流產，嚴重的話，會對心臟造成負擔。

✓自我檢測

- □ 經期的週期較短。
- □ 經期會拉得很長。
- □ 經期的經血量很多。
- □ 經期時，會出現顏色如同肝一般的深色血塊。
- □ 有不正常出血。
- □ 會覺得呼吸困難和心悸。
- □ 有貧血的感覺。
- □ 肚子腫脹，感覺像有瘤狀物。

我是子宮

✚治療方法

① 注意變化

纖維瘤很小、且患者沒有明顯不適時，醫生多半不會特別做治療，只是觀察狀況。不過，幾個月就需要做一次檢查，以確認其變化。

② 藥物療法

不處理腫瘤，但是改善貧血和生理痛等症狀。除了使用鐵劑和鎮痛劑外，也常有採用中藥的療法。

③ 荷爾蒙治療

透過口服或注射藥物，暫時停經，以讓纖維瘤變小（女性荷爾蒙會讓腫瘤變大）。不過，一旦停止用藥，纖維瘤又會再次變大。這種治療主要使用於進行切除手術前，先讓腫瘤變小，較容易切除，也用來治療短期間的貧血。

④ 手術

分為「只切除纖維瘤」以及「摘除整個子宮」兩種。只切除纖維瘤的方法，復發率很高，平均三人中就有一人。而摘除子宮後，纖維瘤雖然就不會復發，但也無法懷孕生子。

子宮內膜異位症

原本覆蓋於子宮內側的內膜，在子宮和子宮以外的部位（卵巢、卵管、骨盆腹膜等）增生的疾病，原因不明。經期時內膜會增生，然後剝離（出血），但這些增生的內膜和經血不同，沒有地方可排出，於是就累積在增生部位。如果不處理，就會沾黏於周圍的臟器和組織，引起嚴重的生理痛或腰痛。有經期的女性，據說約有一成有此問題，而這些人又有7成的內膜是在卵巢內增生，這種狀況稱為卵巢巧克力囊腫。

✓自我檢測

- ☐ 這幾個月的生理痛加劇。
- ☐ 經期的經血量很多。
- ☐ 經期時，會出現顏色如同肝一般的深色血塊。
- ☐ 經期時覺得想吐，或嘔吐。
- ☐ 非經期時覺得腹部痛。
- ☐ 有強烈倦怠感。
- ☐ 腰痛。
- ☐ 性行為時覺得痛。
- ☐ 排便時覺得痛。

好痛啊…

※有卵巢巧克力囊腫時，經期短，經血量也很少。

✚治療方法

① 藥物療法

服用能緩和生理痛的止痛劑，以及能抑制身體所有機能提升的中藥。

② 荷爾蒙治療

包括透過口服或注射藥物，暫時停經以抑制症狀，或是相反地服用低劑量藥片以抑制排卵。荷爾蒙治療都會有副作用，但低劑量藥片的副作用較少。

③ 手術

症狀嚴重，或是荷爾蒙治療無法改善症狀時，就要進行手術。手術共分三種：「純粹切除病灶的方法」「摘除子宮和卵巢的方法」「留下卵巢、摘除子宮的方法」。

經前症候群

經前開始的一週～幾天前，會感到煩躁、頭痛，身心不適。據說，有八到九成的女性有過這種經驗。經前症候群的特徵是，經期開始後，症狀就會消失。但如果太嚴重，會造成日常生活和人際關係的障礙，所以請勿忍耐，要去看婦產科。

※經前症候群是否能歸類為疾病，依研究者的觀點而異。

自我檢測

- □ 感到煩躁。
- □ 腹部疼痛。
- □ 胸脹，疼痛。
- □ 食慾異常。
- □ 臉或身體水腫。
- □ 集中力不佳。
- □ 陰道分泌物增加。
- □ 沒有絲毫幹勁。
- □ 腰痛、肩膀僵硬、頭痛。
- □ 性慾降低，或是升高。
- □ 莫名想吃甜食。
- □ 臉或身體覺得燥熱。
- □ 感覺不安沮喪。
- □ 比平常容易感到疲倦。

保養方法

- □ 盡量保持悠哉，做自己喜歡的事。
- □ 要有充分睡眠。
- □ 控制鹽分、酒精、香菸的攝取（甜食也要適量）。
- □ 享受香氛（建議使用薰衣草、天竺葵、橙花等）。
- □ 不要挑戰或是開始新事物。
- □ 跟周圍的人說明妳的症狀，尋求理解。

治療方法

如果對日常生活造成障礙的話，請尋求專家協助。除了服用止痛劑、精神安定劑、安眠藥等對症療法外，也可採行荷爾蒙治療。此外，如果覺得心理狀態不佳時，也可以接受心理諮商。

乳癌、子宮癌、卵巢癌

乳癌在台灣是女性癌症發生率排名第一位，死亡率第四位。每年約有七千五百人罹患乳癌，一千六百人因乳癌死亡，在45~64歲之間是乳癌好發期。

政府補助以下婦女每年一次乳房攝影檢查，持健保卡免費檢查。

・45-69歲

・40-44歲且期二親等以內血親（母親、姊妹、女兒、祖母、外祖母）曾患乳癌。

＊資料來源：國民健康署網站

要定期檢查！

✚ 治療方法

手術、抗癌藥物治療、荷爾蒙治療、放射線治療。

要特別注意的主要疾病是…

①慢性疾病

②有骨質疏鬆症的潛在風險

③年輕型更年期障礙

是這三種疾病吧。

慢性疾病

糖尿病、高血壓、高血脂症等由於生活習慣而發病的疾病總稱。大約每兩個人中，就有一人有其中一種病，罹病的年齡下降也形成問題。這些慢性疾病可能會導致癌症、中風、心肌梗塞等攸關生命的疾病，但由於早期難以自己察覺，當感到身體有問題時，多半都已經變成重大疾病。此外，一旦罹患這些疾病，就難以治癒，所以預防最重要。

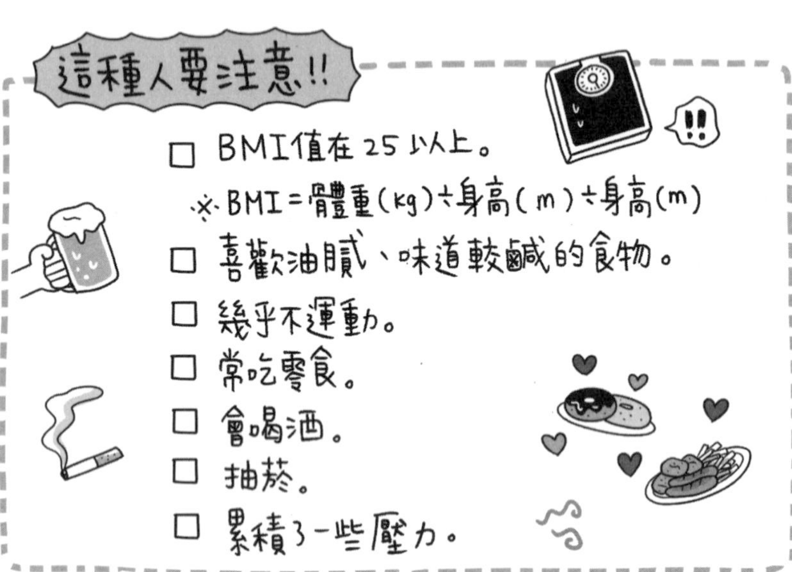

預防方法

- 飲食均衡。
- 適度運動。
- 注意香菸、酒精攝取量。
- 讓身心休息，紓解壓力。

骨質疏鬆症的潛在風險 

意指將來非常可能有骨質疏鬆症的問題。近年來，由於過度節食或營養不足、運動不夠等原因，據說每五名20多歲的女性中，就有一名有骨質疏鬆症的潛在風險，但當事者本身難以從症狀察覺。如果有骨質疏鬆症問題，骨頭密度會較低，不只容易骨折，而且由於很難讓骨頭回復到原本狀態，很多年長者一旦骨折後，就得一直躺臥在床。

預防方法

- 攝取鈣質。
  （牛奶、乳製品、小魚、納豆、蝦米等）
- 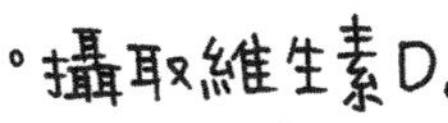攝取維生素D。
  （小魚、鮭魚、秋刀魚、鯖魚、乾香菇等）
- 攝取維生素K。
  （納豆、埃及國王菜、小松菜、海帶芽等）

- 1天曬15分鐘左右的陽光，以製造維生素D。
  （夏：在樹蔭下等地方待30分鐘／冬：臉和手等部位各1小時
- 經期不順時要接受治療。
- 不要過度節食，攝取均衡飲食。

- 適度運動。
- 控制香菸、酒精量。

年輕型更年期障礙症狀

也稱為小更年期障礙。指的是，本來是50歲上下才會出現的更年期障礙症狀，在20多歲到30多歲出現。主要原因是由於壓力、過度節食、不規律生活等而導致荷爾蒙失調。如果置之不理，就會停經，容易造成不孕症。

✚症狀

※如果以下症狀持續1個月以上，就必須去看婦產科

- ☐ 經期不順。
- ☐ 身體末端冰冷，或是燥熱。
- ☐ 感到煩躁。
- ☐ 睡不好，淺眠。
- ☐ 心悸、呼吸不順、暈眩、頭痛、耳鳴、腰痛、肩膀僵硬。
- ☐ 倦怠感強烈，睡眠也無法消除疲勞。

預防方法

- 擁有充足睡眠
- 不讓身體冰冷
- 不要累積壓力
- 不要過度節食，均衡飲食
- 適度運動

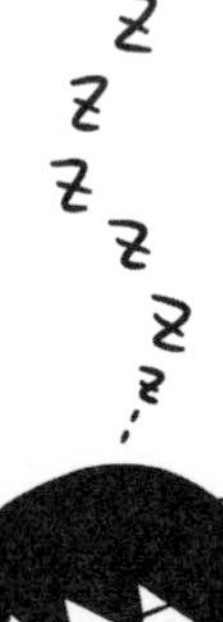

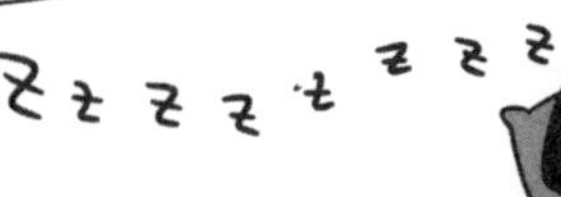

擁有健康的6大重點

1 均衡飲食

飲食是健康的源頭，一日三餐、細嚼慢嚥是基本原則。如果覺得設計營養菜單很困難，只要每餐都使用到「紅、綠、黃、黑、白」五種顏色的食材，就能自然攝取均衡營養。

- 紅…番茄、紅蘿蔔、牛肉、豬肉、鮪魚、鮭魚、紅椒、草莓
- 綠…菠菜、韭菜、水菜、青椒、花椰菜、小黃瓜、抹茶
- 黃…南瓜、地瓜、玉米、黃椒、蛋黃、橘子
- 黑…黑芝麻、黑豆、香菇、昆布、海帶芽、海苔、牛蒡、茄子、黑醋
- 白…白飯、白蘿蔔、蕪菁、洋蔥、雞肉、花枝、白肉魚、蛋白、牛奶

2 適度運動

可從事走路或慢跑等有氧運動，以及伸展和體操等放鬆身體的運動。活動身體就能提高代謝，並能降低血糖及血壓。

3 不抽菸、少喝酒

抽菸對身體會造成很大的傷害，尤其是如果將來想懷孕，現在就應該開始努力戒菸。至於酒，少量無妨。標準大約是一天一罐啤酒、日本酒180cc、日本燒酒90cc。

4 不累積壓力

生活中多多少少的壓力，對身體不會造成問題，不過，如果持續承受強烈壓力，就會造成身體的各種不適與疾病。請找出適合自己的紓壓方法，好好紓解壓力。

5 充足的睡眠

為了讓疲勞的身體和大腦得到休息，需要品質良好的睡眠。此外，睡眠也能提升免疫力。一般認為睡眠時間以7小時為佳，但重要的是睡眠品質而非時間。想擁有優質睡眠，請注意以下事項。

擁有優質睡眠的重點

◎ 晚餐要在睡前3小時前用畢。
◎ 從睡前1小時開始，就要讓室內照明轉暗。
◎ 睡覺前避免使用電腦及看電視。
◎ 做點輕度伸展運動（不可做激烈運動）。
◎ 喝花草茶或使用香氛放鬆身心。
◎ 每天在同樣時間起床。

6 不要讓身體冰冷

身體冰冷會使代謝變差，血流因而阻塞。身體要正常運作所需的體溫是36.5℃。平常體溫未達36℃的人，要有意識地使身體溫熱。

＊為了不讓身體變冷

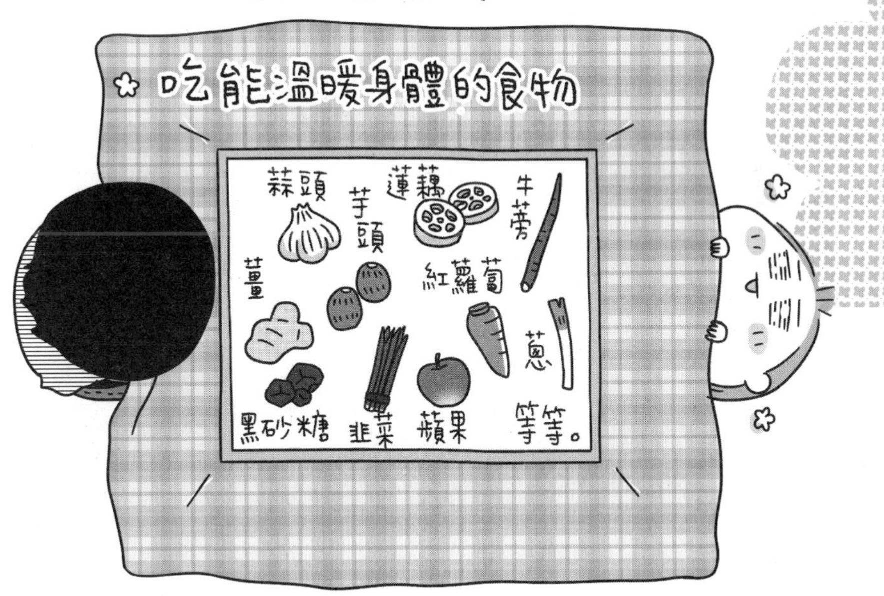

- 不要喝冷飲(夏天也要喝溫的)。
- 用懷爐或腹帶來溫暖腹部和背部。
- 不要穿太緊的內褲。
- 持續同樣姿勢時，要做點輕度伸展。
- 泡半身浴(40℃左右的熱水約20分鐘)。
- 泡腳(雙腳泡在40℃左右的熱水約10分鐘)。

讓身體變冷的食物：白砂糖、咖啡、冷飲、番茄、小黃瓜、萵苣、麵包、奶油、熱帶水果

大反省會
原來如此…我明白了。要是再繼續這樣的生活，我會變得很慘…
啵啵…
不安 不安 不安
我也是…不久的將來我的血液就會變得很濁，骨頭變得很鬆，心情變得很焦慮。
不，我可能已經變成這樣了。
啪嗒
完蛋了！
臉先著地—!!!
松永小姐！
兩位！
妳們不用那麼沮喪！還來得及喔。
從現在開始注意的話，生病的風險就會大幅降低喔！

重要的是每天都要持續。還有，就算今天沒做好，也不要忘記，明天還是可以重來喔。
昨天…
今天就吃得健康！
走到家要四十分鐘!!
俐落
今天如果吃得很油膩，明天就吃粗食。沒辦法運動時，就走一站。就這樣在生活中做點調整吧。
是！

關於健康
中醫

中醫
蔬菜大漢堡滿滿
這裡

妳知道什麼是未病嗎？
未病？

我聽過喔。就是雖然沒有生病，但身體不知為何就是不舒服…是這個意思吧？
對對！

也就是所謂的身體微恙。
嚼嚼嚼
最近我覺得自己好像就是這樣。
嚼
身體冷冷的，睡不太好。
黑眼圈也很嚴重
吃東西嘛…
……
嚼
吞嚥

食欲也不振…
呼——
推
沒食慾啊。那妳有去看醫生嗎？

嗯，我去看了。醫生說我沒什麼問題…
但我沒辦法認同！
嗯嗯…做出這種診斷的醫生是名醫耶。

所以我在想要不要來吃中藥？妳不覺得印象中它對這種未病很有效嗎？
沒錯！
確實是有這種印象。

藥材中好像也加入了像是海馬或蜥蜴尾巴這類東西…
真的嗎？
有加那些東西嗎？
磨磨
冒汗…

還有，藥材的價格好像也很貴——
但說起來到底有沒有效？似乎有必要好好確認一下呢。
因為藥材很特殊

…因此我們來到了中藥藥廠
妳們好～
今天請多多指指教。

我們就直接請教了…
中藥和一般的藥有什麼不同？還有，真的有效嗎？我們似懂非懂，不知道的事很多。

和以前比較起來，中藥在我們生活中的使用愈來愈普遍。但事實上，像兩位一樣還不了解中藥的人也很多。

我們認為
以中藥
來幫助大家
健康，
是我們的
社會使命。
因此今天我希望
能充分說明中藥，
讓妳們了解中藥的魅力。
麻煩你了！
那麼，兩位
聽到中藥，
對它有什麼印象呢？

中國！
好像能發揮
科學之外的力量！
感覺好像很有效！
雲霧
繚繞
雲霧
繚繞

哈哈哈！
大家果然
都有這種印象。
不過，中藥並不是什麼魔法。
而是以長時間的治療經驗
所得的知識為基礎，
使用上有理論根據。

哦—是這樣啊。
所以不是隨意
將各種藥材組合起來使用嘍？
對，配合服藥者的體質
和症狀來使用藥材，
是中藥的特徵。

此外，日本的中醫學
是源自奈良時代從中國
傳來的中醫學
而後日本再獨自
發展成
現在的樣貌
咦!?
是這樣啊～

中藥・西藥・民間偏方的不同

中藥

基本上，由兩種以上的生藥（植物、動物、礦物等）組合而製成。根據個人的「證型」而給予處方。因為使用中藥的思維，是要調整身體、使之平衡，提高人與生俱來的治療能力、改善身體不順，所以即使是同樣的病，使用的藥也會因人而異。反之，不同的病也可能使用同樣的藥。

西藥

幾乎是現在所有醫院所開的用藥。這些藥由人工合成物質所製，多數是單一成分，其目的是直接去除單一成因，例如止痛、退燒等。西藥的使用與個人體質無關，同樣的病就使用同樣的藥，而且多半藥效快速。

民間偏方

坊間所使用，據說有效、代代相傳的植物等。多數是單一使用一種藥草，醫院並不會以此為用藥。像蕺草、鬱金等即屬於此類。

何謂證型？

依據個別體質與症狀，綜合判斷的結果。雖然可從各種角度判斷，但主要是根據「氣、血、水」「虛實」「陰陽」「表裡」等。除了中醫外，整體、藥膳、針灸也要看證型。

〔主要判斷標準〕

① 氣・血・水

氣是體內的能量

- 氣不足
  ＝氣虛
- 氣停滯
  ＝氣鬱
- 氣的流向和本來相反
  ＝氣逆

血是血液

- 血不足＝血虛
- 血停滯＝瘀血

水是體內的水分
（汗、尿、淋巴液）

- 水分過與不足
  ＝水毒

②虛實（虛證·實證）

氣、血、水在體內停滯的狀態，稱為實證，不足稱為虛證。

實證的人，因為肌肉較發達，不容易疲倦，體溫偏高。

相對地，虛證的人多半較瘦，容易疲勞，且有冰冷症。

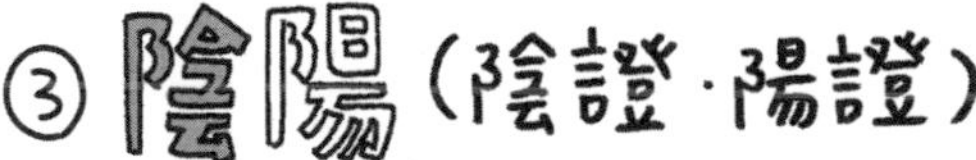

③陰陽（陰證·陽證）

身體偏冷的虛弱狀態為陰證。
身體偏熱、充滿活力為陽證。

陰證的人手腳冰冷，容易拉肚子。

陽證的人手腳溫暖，喉嚨易乾。

④表裡（表證·裡證）

顯示出疾病深入到身體哪個部位。
停留於身體表面的狀態為表證，
深入到內臟等身體內部的狀態為裡證。

※不論偏向哪邊都不好，調整各個狀態使之趨於中間值（取得平衡的狀態）很重要。

原來如此⋯這樣看來要自己判斷似乎很難耶。
我明明手腳冷冰卻有肥胖問題
反正就是不能否認有肥胖問題
沒錯。這裡只是舉出代表性的判斷方式，除此之外還有很多判斷標準，十分複雜喔。如果誤判證型，開的藥也就不會有效果了。因此，最好還是要請醫生診斷。
嗯嗯。
如果想提高人本來就擁有的治癒力，還是中藥比較有效。不過似乎很花時間耶⋯
感冒的時候不是有人會服用葛根湯嗎？如果合於證型，很快就看得到效果嘍。
熱
呼⋯
熱
確實如此。喝了後，身體馬上就變得熱熱的。
葛根湯
如果是一直沒去處理的慢性病或身體不適的確就要花相對的時間但其中也有很快就見效的情況
漢方
正經——
突然
我還有幾個問題⋯!!
什⋯什麼？

對中藥的疑問

Q. 中藥一定要在什麼時間服用嗎？

A. 因為藥效容易吸收，所以最好在餐前（用餐前30分鐘）或兩餐之間（用餐後2小時左右）配白開水（溫開水）服用。

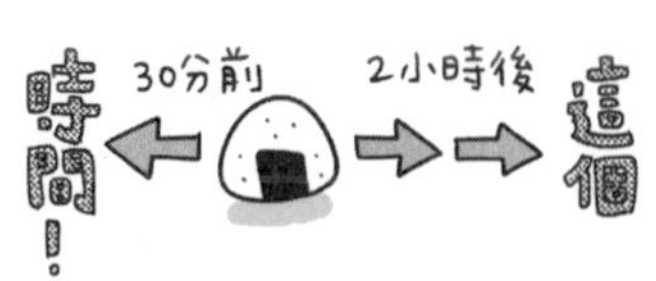

Q. 沒有副作用嗎？

A. 有。當身體起疹子，或拉肚子、想吐、身體浮腫時，就表示可能不合證型，請向醫生或藥劑師諮詢。

Q. 價格很貴嗎？

A. 在日本，有148種中藥材適用健保。不過，有部分醫療機構不適用，請事先確認。

Q. 一般醫院也會開中藥處方嗎？

A. 雖然也有醫院不開中藥處方，但據說，現在日本有大約八成的醫生曾開過中藥處方。不過，有些醫院並沒有熟悉中藥的醫生，最好事先確認。

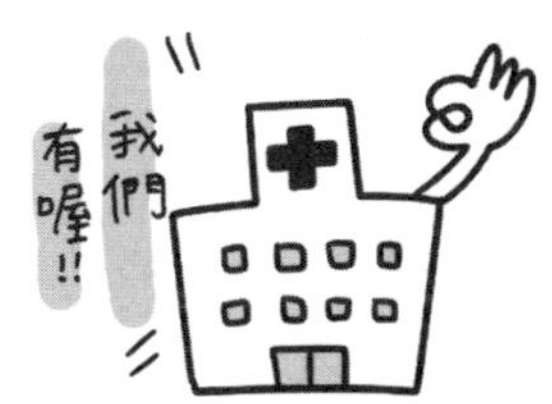

Q. 從小就喝中藥沒問題嗎？

A. 基本上沒問題，但有些種類的中藥並不適合嬰幼兒，最好跟醫生和藥劑師確認。

如果要實際診斷出證型…

最好是諮詢精通中藥師比較好。

幾天後…我們來到網島診所拜訪

那麼我就馬上來診斷吧！診斷方法包含四種——

診斷方法

望診
「用觀察來診斷」的方法。觀察體力、體格、皮膚狀態、臉色、全身動作、患部、舌頭狀態等。

聞診
「聽聲音、聞味道」的方法。包含聲音、說話方式，以及口臭、體臭等。

問診
「聽患者說明身體變化和狀態」的方法。包括症狀的變化和治療反應及日常生活狀況等。

切診
「用觸摸診斷」的方法。包含脈搏、腹部、患部等。

計分表

症狀顯著的話是滿分，症狀如果較輕，就各填1分或2分。

標示★符號的症狀部位，P.273有說明。

氣虛

※總分30以上為氣虛

資料來處：《從症例學習和漢診療學　第3版》
作者：寺澤捷年　發行：醫學書院

症狀	分數	得分
身體倦懶	10	
沒有氣力	10	
容易疲倦	10	
白天想睡覺	6	
食慾不振	4	
容易感冒	8	
容易嚇到	4	

症狀	分數	得分
眼神、聲音無力	6	
舌頭呈淡白或淡紅色、腫大	8	
脈搏薄弱	8	
腹部無力	8	
內臟無力（*1）	10	
★小腹不仁（*2）	6	
易拉肚子	4	

（*1）胃下垂、腎下垂、子宮脫垂、脫肛等　（*2）肚臍下方的腹壁軟弱

氣鬱

※總分30以上為氣鬱

資料來處：《從症例學習和漢診療學　第3版》
作者：寺澤捷年　發行：醫學書院

症狀	分數	得分
容易抑鬱不樂	18	
頭部重重的（*1）	8	
喉嚨感覺塞住	12	
胸悶	8	
★季肋部有阻塞感	8	
腹部有膨脹感	8	

症狀	分數	得分
不同時間有不同症狀（*2）	8	
早上很難起床，感覺無精打采	8	
時常放屁	6	
會打嗝	4	
小便過後覺得還沒上完	4	
拍腹部有擊鼓般的聲音	8	

（*1）有種頭上好像戴了什麼東西的沉重感　（*2）主要症狀會變動

氣逆 ※總分30以上為氣逆

資料來處：《從症例學習和漢診療學　第3版》
作者：寺澤捷年　發行：醫學書院

症狀	分數	得分	症狀	分數	得分
手腳冰冷但臉部很熱	14		容易受驚	6	
心悸	8		感覺焦躁	8	
會突然頭痛	8		臉潮紅	10	
嘔吐（不太覺得噁心）	8		★臍上悸動（*2）	14	
咳嗽時下腹部會痛（*1）	10		下肢、四肢冰冷	4	
腹痛	6		手掌、腳掌發汗	4	

（*1）咳嗽時腹部會用力　（*2）肚臍上方的大動脈脈動強烈

血虛 ※總分30以上為血虛

資料來處：《從症例學習和漢診療學　第3版》
作者：寺澤捷年　發行：醫學書院

症狀	分數	得分	症狀	分數	得分
注意力不容易集中	6		臉色不佳	10	
睡不著，有睡眠障礙	6		頭髮容易掉（*1）	8	
眼睛疲勞	12		皮膚乾燥粗糙皸裂	14	
覺得頭暈	8		指甲異常（*2）	8	
小腿抽筋	10		皮膚知覺障礙（*3）	6	
經血量少，月經不順	6		★腹直筋攣急（*4）	6	

（*1）頭皮屑很多的狀況也成立　（*2）指甲脆弱、裂開
（*3）皮膚有種刺刺麻麻感、有覆蓋了一層皮的感覺、知覺低下　（*4）肋骨下方到恥骨一帶有僵硬感

瘀血 ※總分在21分以上為瘀血；40分以上是嚴重瘀血

資料來處：《從症例學習和漢診療學　第3版》
作者：寺澤捷年　發行：醫學書院

症狀	分數	得分	症狀	分數	得分
眼皮色素沉澱	10（10）		★左臍旁有壓痛和抵抗感	5（5）	
臉部色素沉澱	2（2）		★右臍旁有壓痛和抵抗感	10（10）	
肌膚甲錯（*1）	5（2）		★正中臍旁有壓痛和抵抗感	5（5）	
嘴唇呈深紅色	2（2）		★回盲部有壓痛和抵抗感	2（5）	
牙齦呈深紅色	5（10）		★S狀部有壓痛和抵抗感	5（5）	
舌頭呈深紫紅色	10（10）		季肋部有壓痛和抵抗感	5（5）	
細絡（*2）	5（5）		痔疾（*5）	5（10）	
皮下溢血（*3）	10（2）		月經異常	10（0）	
手掌紅斑（*4）	5（2）		多尿	5	

※分數列中的（　）是男性的狀況
（*1）皮膚乾燥、粗糙、皸裂　（*2）身體表面呈現的毛細管擴張　（*3）皮膚上有黑紅色斑點
（*4）手掌有紅色斑點　（*5）有痔瘡的症狀

水毒 ※總分在13分以上為水毒

資料來處：《從症例學習和漢診療學　第3版》
作者：寺澤捷年　發行：醫學書院

症狀	分數	得分	症狀	分數	得分
身體感覺沉重	3		噁心、嘔吐	3	
像脈動一般的頭痛	4		腸鳴音亢進（*2）	3	
頭部沉重	3		早上身體僵硬	7	
容易暈車	5		浮腫、胃部振水音	15	
感覺暈眩	5		胸水、心包積水、腹水（*3）	15	
站起身時會眼前一黑	5		臍上悸動	5	
鼻涕呈水狀	3		水瀉性的下痢（*4）	5	
口水過多	3		尿量減少	7	
泡沫狀的喀痰（*1）	4		多尿	5	

（*1）痰呈泡沫狀　（*2）肚子會咕嚕咕嚕叫　（*3）肺部、心臟、腹部積水　（*4）水狀的下痢

標有★號的部位說明

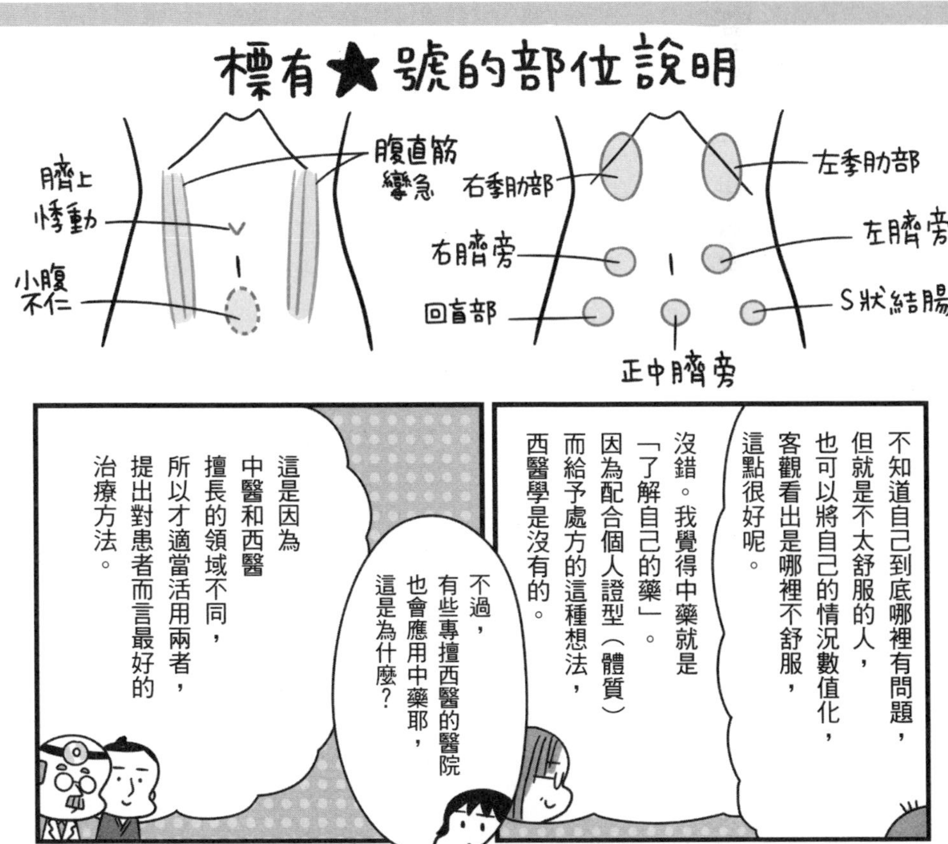

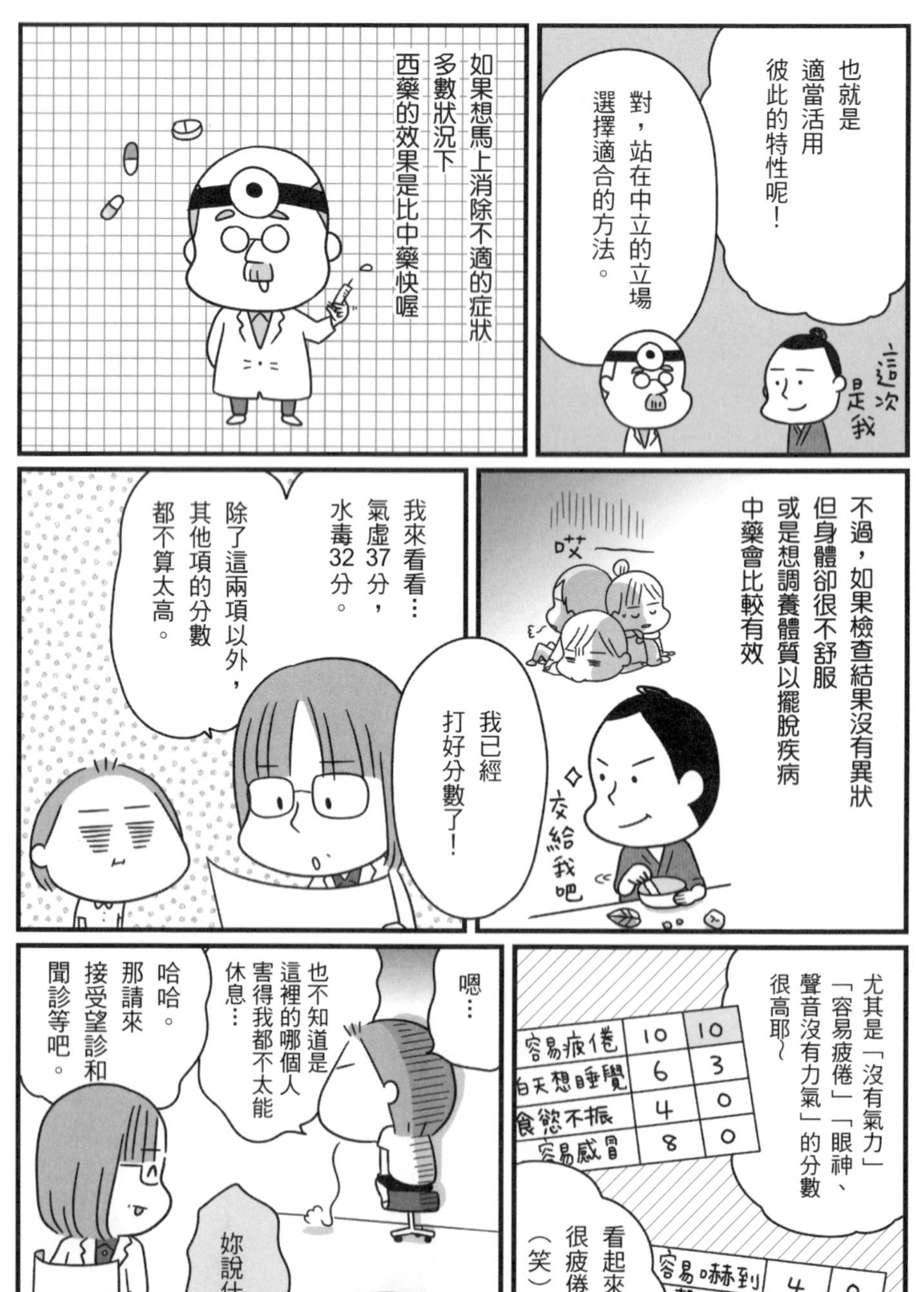
也就是
適當活用
彼此的特性呢！
對，站在中立的立場
選擇適合的方法。
這次
是我
如果想馬上消除不適的症狀
多數狀況下
西藥的效果是比中藥快喔
不過，如果檢查結果沒有異狀
但身體卻很不舒服
或是想調養體質以擺脫疾病
中藥會比較有效
哎——
交給我吧
我來看看…
氣虛37分，
水毒32分。
除了這兩項以外，
其他項的分數
都不算太高。
我已經
打好分數了！
尤其是「沒有氣力」
「容易疲倦」「眼神、
聲音沒有力氣」的分數
很高耶～
容易疲倦 10 10
白天想睡覺 6 3
食慾不振 4 0
容易感冒 8 0
看起來真的
很疲倦呢。
（笑）
容易嚇到 4 0
聲音無力 6 6
嗯…
也不知道是
這裡的哪個人
害得我都不太能
休息…
哈哈。
那請來
接受望診和
聞診等吧。
妳說什麼？

好，舌頭伸出來——
舌邊呈現齒狀喔。看起來像是水分沒有充分排出體外，還有一點水腫，跟妳做的評分一樣，應該是水毒。
我媽也常說我有水腫
啊——

嗯～呼吸聲有點低沉短促，聲音也比較小，我想應該就是氣虛的症狀。
更重要的是妳強烈感覺到疲倦，這就是體內能量不足的證據。

我建議可以先試試對氣虛有效的補中益氣湯。
那水毒要吃什麼嗎？
想消除水腫的話……

嗯…我想一開始只要喝補中益氣湯就好。
好，走了走了
氣
水
血
因為，只要氣能開始良好循環，水和血也就能開始流動順暢。

也就是說如果能改善氣這個基礎，水毒也就可能獲得改善吧？
對，如果補中益氣湯感覺沒什麼用，可以改試五苓散和真武湯來改善水毒。
好

雖然中醫會因為證型不同而開不同的處方，不過，能告訴我們一般用在一些不適症狀上的中藥嗎？
下一頁就有一般情況的介紹。

解決不同問題的中藥

（註）中藥要符合證型，才能發揮效果。以下介紹的中藥僅是標準，自己若無法判斷，請接受醫師診斷。

月經痛

多半依據不同證型，分別使用以下三者：
虛證・瘀血・水毒型→當歸芍藥散
虛證～中間證・焦躁型→加味逍遙散
中間證～實證・瘀血型→桂枝茯苓丸
這三種藥方最適合使用於婦女病。此外，急促的強烈經痛可服用芍藥甘草湯。

月經不順

和經痛相同，使用當歸芍藥散、加味逍遙散、桂枝茯苓丸以調整荷爾蒙平衡，也常使用溫經湯。

經前症候群

因為月經將至所以產生不適症狀，稱為經前症候群。主要包括下腹部痛、乳房痛、腰痛、長痘痘、水腫等身體症狀，以及焦躁、憂鬱、沒有氣力、失眠、集中力不佳等精神症狀。精神症狀嚴重時，多是服用桃核承氣湯，除此之外也會使用柴胡加龍骨牡蠣湯、桂枝加龍骨牡蠣湯。水腫、噁心、暈眩等症狀嚴重的人，可服苓桂朮甘湯；頭痛、肩膀僵硬的人可服用桂枝茯苓丸或通導散，各依不同症狀和證型來使用。

瘀血嚴重的人宜服用溫經湯，瘀血及水毒都嚴重的人宜服用當歸芍藥散。身體冰冷且指尖變白、有凍傷情形的人，要服用當歸四逆加吳茱萸生薑湯；夏天也會身體冰冷的人，則宜多服含人參的藥方，如人參湯、附子理中湯等。

青春痘、痘痘

如果是慢性的青春痘和痘痘，可服用荊芥連翹湯。如果是急性或發炎狀況嚴重到化膿的情形，可服清上防風湯。如果是除了臉以外，背部和胸口也冒痘子的人，可服十味敗毒湯。

失眠症

因為神經過敏而焦躁不安、失眠的人，可服抑肝散；因為精神不安定而容易疲勞、有貧血現象的人，要服歸脾湯。不想依賴西藥的人，或想慢慢停止用西藥的人可使用。

頭痛

緊張性頭痛（頭像是被緊緊箍住般的疼痛）可視為氣滯的狀態。腦充血、肩膀僵硬、便祕的人，可服桃核承氣湯；雖然有頭部充血、肩膀僵硬的症狀，卻沒有便祕，可服桂枝茯苓丸；心浮氣躁的人可服加味逍遙散；偏頭痛（和脈搏同調、一陣陣針刺般疼痛）可視為水毒狀態，主要可服吳茱萸湯。除了頭痛外，還會暈眩及身體冰冷的人，可服半夏白朮天麻湯。緊張性頭痛混和偏頭痛的人，則使用葛根湯。

倦怠・沒有力氣

氣滯或氣虛的狀態。補中益氣湯是很知名的補氣藥方，手術或生病後沒精神時也可服用。此外，血虛的狀態可喝四物湯，氣虛兼血虛則服十全大補湯，中暑時可服清暑益氣湯。

便祕

慢性便祕可服大黃甘草湯。若感到焦躁、有嚴重瘀血的人可喝桃核承氣湯。

下痢

身體一冷就腹瀉的人可服人參湯，腹內容易絞動的人可喝半夏瀉心湯。不過，中藥並無法解決急性腹瀉、腸胃炎、由於病毒感染而導致的下痢。

食慾旺盛或不振

食慾旺盛而胖得很結實並會便祕的人，可服防風通聖散；虛胖的人，則可使用防己黃耆湯。反之，食慾不振的人因為多半由於氣虛，所以也會使用補中益氣湯。

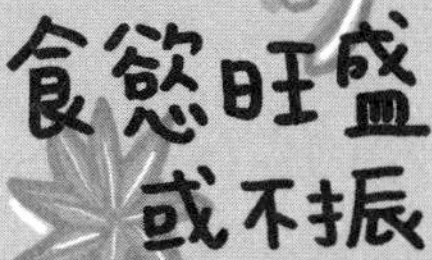

	虛實	氣血水	月經異常	冰冷症	便祕	下痢	精神不安定	貧血	皮膚粗糙	腦充血	疲倦	暈眩	頭痛	肩膀僵硬	腹痛	腰痛	水腫	食慾旺盛	失眠	備註
當歸芍藥散	虛	血	○	○				○				○		○	○	○				不孕症也可用
加味逍遙散	間	血	○	○			○			○	○		○	○						虛弱體質也可用
桂枝茯苓丸	實	血	○	○						○				○		○				子宮內膜異位症也可用
芍藥甘草湯	各種體質		○											○	○	○				
柴胡加龍骨牡蠣湯	實	氣血	○				○												○	
桂枝加龍骨牡蠣湯	虛	氣血	○				○			○			○							
溫經湯	虛	血	○	○					○						○					陰道有異常分泌物也可用
桃核承氣湯	實	血	○	○	○		○			○			○	○	○	○				
五苓散	虛	水	○										○					○		
苓桂朮甘湯	虛	氣血水	○				○					○	○				○		○	
通導散	實	血	○		○					○		○	○	○		○				跌打損傷也可用
當歸四逆加吳茱萸生薑湯	虛	血		○											○	○				
人參湯	虛	氣血水		○		○		○												
吳茱萸湯	虛	水		○	○					○			○	○						
半夏白朮天麻湯	虛	氣水		○								○	○							低血壓也可用
葛根湯	實	氣											○	○						感冒初期也可用
補中益氣湯	虛	氣血水						○			○									痔瘡也可用
四物湯	虛	血	○	○				○	○		○									消除黃褐斑也可用
十全大補湯	虛	氣血水						○	○		○									
清暑益氣湯	虛	氣血水				○					○									食慾不振也可用
大黃甘草湯	間	血			○															噁心欲吐也可用
半夏瀉心湯	間	氣水				○														食慾不振也可用
荊芥連翹湯	間	血							○											膿胸也可用
清上防風湯	實	血							○											
十味敗毒湯	間	血							○											
防風通聖散	實	血水																○		

間＝中間證型，不是虛證也非實證的狀態。

這裡只是粗略介紹了
一般常使用的中藥。
在日本，
光是健保適用的中藥
就有一四八種。

藥房也看得到，
雖然好像自己
也可以買…
但要找到
適合自己的中藥，
還是諮詢專家
最好呢！

沒錯。
有些醫院有精於
中藥的醫生，
請找合格的中醫師看診。
要來喔!!

此外，我希望讓
想開始嘗試中藥的人知道…
雖然中藥的效果有時候非常明顯
但最好不要
太急於看到效果
對我有用的
是什麼呢?

看診當天的
身體狀況
和季節等
也會影響證型。
因此
有時候
醫生開的
中藥處方
也可能沒效。

不過
這種時候
如果覺得中藥沒用，
就馬上停藥，
實在很可惜。

給醫生第一次看診時
很多人都無法說出
想說的話
不過
如果每個月
都去看診
就能漸漸說出真話
比如跟醫生說
「這個中藥好難喝」或是
「之前吃的那個藥
比較有效」等
如果能跟醫生說真話，
我想就不會
光是試一次中藥
如果沒效
就不繼續看了

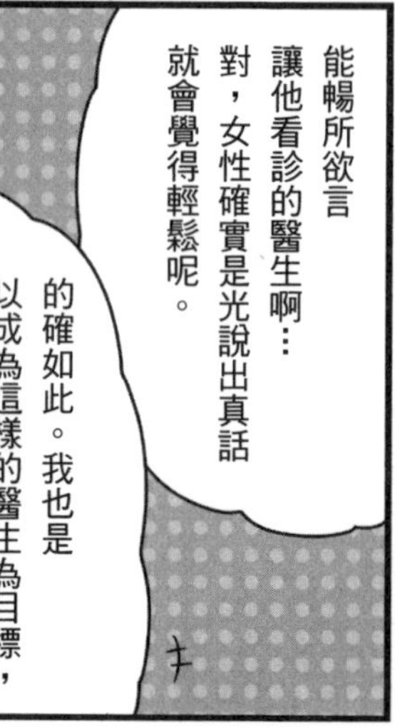

幾天後…

之後
松永小姐
被石田醫生診斷為
食慾旺盛…

真是
名醫

關於健康
牙齒

牙齒

松永小姐請看一下這則廣告！
說這個美容液可以使肌膚年輕10歲。
什麼？10歲！
那麼可不能錯過！
啪

鳥居小姐我們買這個吧！
哇!!
買整箱吧！
咔噠咔噠咔噠
讓大家瞧瞧30多歲女人的經濟實力！
好！
哇啦哇啦
松永小姐時機抓得超好!!
鳥居小姐…松永小姐…

嗯…

30歲女性
牙齒是關鍵!!
對美容很了解的小林編輯

啊，嗯…
不過這是在講藝人吧。
我們又不是演藝人員。
而且妳的梗太老了。
知、知道了啦。
只是隨口說說罷了

話說回來，
我可是每天都好好刷牙喔。
我也是。
被小看真困擾

就是說嘛。身為女生，我每天早晚都一定會刷牙~
耶，真的啊☆真了不起！我有時候會忘了刷耶。
水準還真差…
敲
裝可愛
裝可愛

妳們聽著！
「刷牙」和「會刷牙」是不一樣的。
而且現在也是牙齒抗衰老的時代！

嗯？
牙齒的…
抗衰老…？

妳了解是怎麼回事嗎？
牙齒的抗衰老…？
不，完全不了。
交頭
接耳

小林小姐。
妳自己長得漂亮，身材又好，皮膚也美，所以妳到底在說什麼？
松永小姐…妳這話聽起來完全是在鬧彆扭喔…
逼近
請停止吧

…算了，請一起來吧！
好。

惠比壽抗衰老牙醫診所
妳好～

呵
啊，妳們好。
小川院長

真耀眼、
閃亮的白!!
今天是要談牙齒的抗衰老話題嗎？
是的…請讓什麼都不知道的這兩位了解吧。
真是的…

牙齒光刷牙是不夠的嗎？
我我我!!
牙齒和抗衰老怎麼都無法聯想起來…

和肌膚一樣，牙齒會因年齡增長而老化。
比如說如果出現這些症狀的話，就可以認為是牙齒老化了。
□牙齒泛黃的程度令人介意
□刷牙時會流血
□起床時口中黏黏的
□吃喝冰冷的食物，牙齒會酸
□口中常感到乾澀
□牙齦呈紅或紫色

最容易看出牙齒老化的現象
就是牙齒泛黃
剛長出來的牙齒
是白色的
然後就漸漸變黃

其次是
牙周病。
20代
牙周病
60%
沒問題!!
40%
20多歲這個年齡層
的人可說有百分之六十
以上的人有牙周病。
有百分之
六十耶！

另外，
不只是老化，
知覺過敏？
口乾口臭
的狀況
都會隨著年齡
增長而增加。
我有
知覺過敏呢⋯
啊
！

牙齒已經漸漸老化
如果口中
還有這些問題的話
會使老化加速喔
冰⋯

如果牙齒不健康的話
像是吃東西、喝東西
說話、微笑等
這些動作
會變得很困難喔

牙痛的時候
什麼也吃不下、喝不下，
更何況情緒變得低落，
思緒也不能集中呢。
在意自己的
蛀牙或口臭，
和別人交談時
也不能很盡興。
陰沉

沒錯
如果沒有
正確的飲習習慣
身體就會老化
也不能和別人愉快交流
心情也會變老

口腔的健康
有問題時，
也可以說
老化的速度
將提早。
這點可以
理解嗎？
是！

認為牙齒
跟皮膚的
地位相同
這一點很重要喔。
只要正確地
照顧牙齒
就可以延緩
老化速度。
是的，醫師！
我們錯了。
我們會徹底實行
牙齒的抗衰老！
恍然大悟

那麼…
我先來說明
基本的刷牙方法。

口腔的
健康——
一是刷牙！
二是刷牙！
三和四和五
也是刷牙！
是，醫生!!

妳們兩位
使用什麼樣的
牙刷呢？

我是用
山形的。
我是用
電動牙刷。

嗯～
我不
怎麼推薦
山形牙刷
耶。
這個麼－
咦!!
為什麼？

牙齒大小明明每顆都不同
山形牙刷的刷毛
毛束的距離卻剪裁成一樣
凸出來的刷毛部分
是否能深入牙縫
讓人感到疑惑
嗯——
那麼，醫生
妳推薦
什麼樣的牙刷呢？

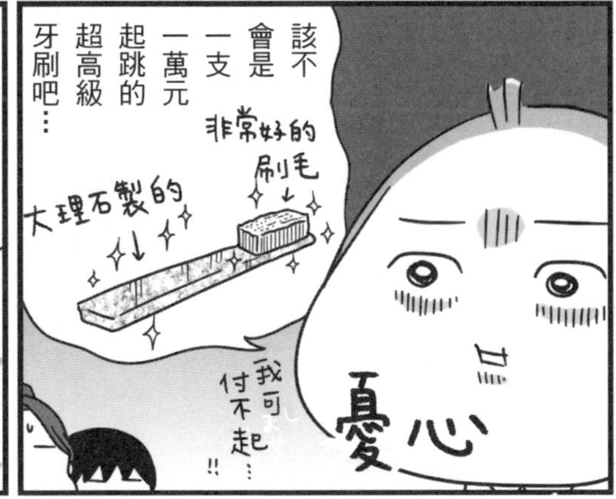
該不
會是
一支
一萬元
起跳的
超高級
牙刷吧…
非常好的
刷毛
大理石製的
我可
付不起…!!
憂心

不不不！
我推薦的是
很普通的牙刷喔！
下次記得
確認喔♡

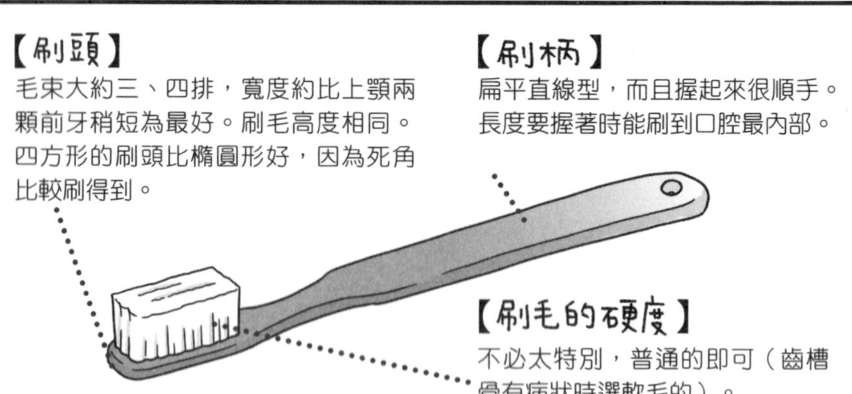

牙刷最好一個月換一次。牙刷如果開花了，牙垢就不易刷掉。

真是太糟糕了…

散亂

喔…

有時候也會看到豬毛製的牙刷呢。

有有感覺很貴

它的刷毛確實較軟，容易產生泡沫。不過，將牙垢刷掉的力道較弱，洗完後要花較長時間才會乾燥，衛生方面堪慮，所以我不特別推薦。

電動牙刷又如何？

震動震動

可以節省時間，這點很不錯，但不可太依賴它。

滴答滴答

刷牙方式不正確，即使用電動牙刷也沒有意義。

打開

看看我

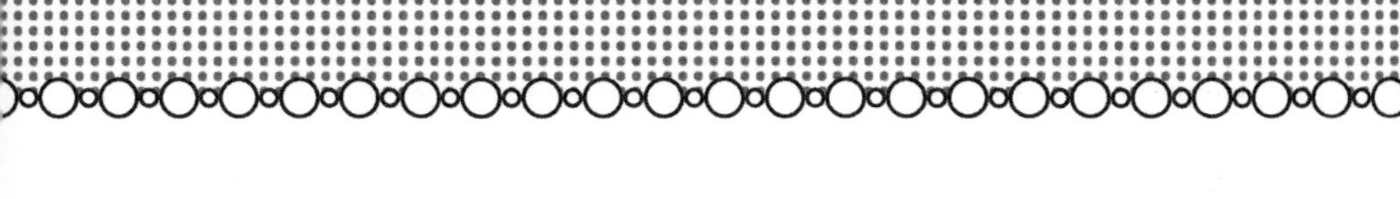

回轉式電動牙刷

它是將牙齒包覆住，旋轉刷毛，所以容易深入牙縫剃除牙垢。不過，它的體積較大、聲音也大，不習慣的人會覺得不好用

音波牙刷

它是用二十~兩萬赫茲的振動，機械式地去除牙垢、染色，並破壞、切斷一連串的細菌。據說，它能清除刷毛周圍二~三毫米的牙垢。

*赫茲（Hz）：刷毛一秒鐘振動次數的單位。

*電動牙刷也分為好幾種，請了解它們的特點，選擇適用的吧!!（差別在於刷頭的振動方式）

振動式

刷毛呈小幅度的振動。握柄較細，比較好握。和回轉式電動牙刷相比，牙縫與臼齒處較不易刷乾淨。此外，還有左右振動式，或是類似組合的其他類型。

超音波電動牙刷

刷頭部分安裝會產生超音波波流的裝置，振動次數為兩萬赫茲以上。因為有超音波波流，能輕易去除牙垢，不易附著，還能促進牙周病的預防、治癒能力。不過，使用時，刷毛幾乎不會動，所以必須要像使用手動牙刷一樣擺動刷柄，才能確實去除齒垢。

牙膏 主要成分

氟…促進牙齒的修復（使其再石灰化），補強齒質，抑制造成蛀牙的原凶牙菌斑的繁殖。

木糖醇…天然糖精，能促進牙齒的修復（再石灰化），補強牙質，和氟同時使用，效果更佳。

維他命E…促進血液循環，預防牙周病，保持牙齦的顏色。

酵素…清除牙垢以及染色的部分。

氨甲環酸…抑制出血，預防牙周病，因為是美白成分而有名。

羥基磷灰石…牙齒和骨頭的主要成分，具修復牙齒的作用。

※使用電動牙刷的人，要選用電動牙刷專用的液狀、膠狀牙膏。

接下來是「刷法」。在講之前…請問妳們一天刷幾次牙？
早晚共兩次。
有紀律
我大概也是…但有時候只有早上刷。
被發現
毫無疑問的，最理想是一天刷三次。最好是三餐飯後刷。

話是如此，但有工作一天要刷三次對多數人來說有困難…
一天刷兩次的話是早上和晚上
一天刷一次的話是晚上
咕嚕咕嚕
刷刷刷

請這麼刷吧，晚上一定要刷牙。
會增加喔
細菌在我們睡覺時最容易繁殖。

最糟的情況一天刷一次牙也沒關係？
刷牙當然比沒刷好。不過，口中的細菌會在刷牙過的二十四小時後大量繁殖產生酸。
這個人真糟…

這個酸累積在牙齒中，就是造成蛀牙的原因。
噗－
都是酸
哇!!
冒出
冒出
24h
變好多!!
所以反過來說，刷牙的間隔再怎麼大，都要在二十四小時以內。

牙齒的刷法

要刷嘍！
耶！

START

1 握好牙刷

像握筆一樣，用慣用的手握牙刷。右撇子可能會刷不乾淨右側的牙齒，左撇子則是刷不乾淨左側的牙齒，所以要刷臼齒等難刷的角落，要換手刷。

2 塗上牙膏

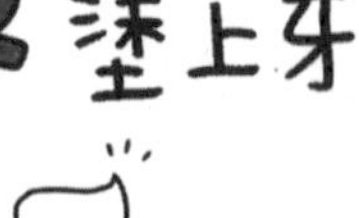

塗一點牙膏在乾的牙刷上。牙膏的量是「毛束的一半」，如果太多，會覺得口中很清涼，誤以為刷乾淨，反而沒好好刷。

※要提升去除牙面染色的效果，牙刷就不要沾水。

最少刷3分鐘，可以的話刷8～10分鐘，一顆一顆認真刷。刷的部位不同，毛束的使用部位也不同。一個部位大概刷二十次，擺動刷毛時，幅度要小、力道要輕，不必太用力。牙刷如果用一、兩週，刷毛就開花，表示力道太大。

牙齒表面

牙刷和牙齒呈直角，左右刷動。使用的是刷毛前端。

牙齒內側

牙刷和牙面呈直角，上下刷動。使用的是刷毛尾端。

牙縫／牙齦溝

牙刷與牙齦溝呈45度角，左右刷動。輕輕按摩牙肉，臼齒和不易刷到的角落用刷毛前端，其他則用刷毛尾端。刷牙齦溝時用牙刷側邊。

臼齒的咬合面

刷毛與牙面呈平行，整個刷毛來回刷動。使用的是全部的刷毛。

4 再刷一次不夠乾淨的部位
◎齒縫
◎前牙的內側（上下也要刷）
◎臼齒的牙齦溝與內側
◎牙齦溝
好
這裡麻煩了
移動完成！
出現
5 打亮
6 漱口
如果使用含氟的牙膏，為了讓效果持續，輕輕漱一次口即可。
GOAL!!
用舌頭舔舔看，如果還有牙齒黏黏、沙沙的，就重新刷一次那個部位。
OK
OK嗎？

光用牙刷刷不到的牙垢，可使用牙間刷或牙線清除。
※有研究指出，牙刷只能去除50～70%的牙垢。

★牙間刷

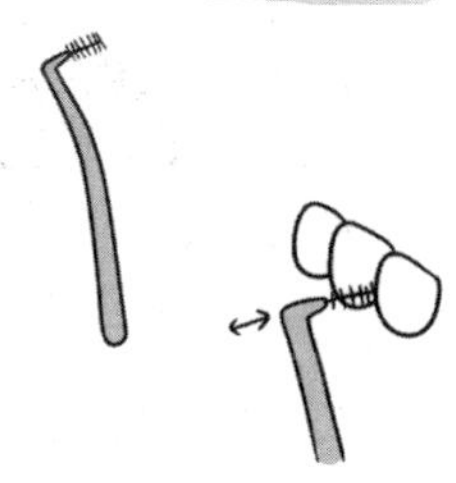

適合用來清除齒縫的牙垢。選用適合齒縫大小的牙間刷很重要，L形的牙間刷適合用於臼齒部位的牙縫。

刷法

1. 毛束放置於齒縫，介於牙齒和牙肉的交界面，在不傷害牙肉的情況下，前後刷動。
2. 依序清理每道齒縫，如果從舌側與頰側開始刷更好。

★牙線

呈線狀，齒縫較窄的人較容易使用。

用法

1. 首先抽取大約40公分的牙線，纏繞於左右兩手的中指，兩指間的距離約2～3公分。
2. 將牙線置入齒縫，於牙面上下摩擦二、三次，依序清潔每道齒縫。
3. 要一點一點移動牙線，用乾淨的部分來依序清潔。

★單束毛牙刷

刷頭小、刷毛呈圓錐形，一次只能單刷一顆牙，最適合清潔矯正器周邊。

刷法

1. 和牙刷握法一樣，猶如握筆，將毛束置於臼齒的咬合面或牙齦溝等不易刷乾淨的位置。
2. 小幅度地擺動牙刷，刷出牙垢。

了解刷牙方式後，接下來我們來看剛才提到的牙齒泛黃、牙周病等牙齒的問題。

首先是——

很完美

牙齒泛黃。

因為年紀增長、遺傳都會使牙齒變黃。香菸的煙油以及茶和咖啡所含的單寧酸及苯酚也會使牙齒變黃。睡前刷完牙又喝茶的人應該也不少吧，這是造成牙齒變黃的原因。

我會喝很多茶…

振作一點喔，靜岡人(*)。

茶

(*)譯注：靜岡縣是日本產茶大縣，當地居民都很習慣喝茶

不過，日本人的齒色原本就是乳白色的，要像藝人一樣有純白的齒色本來就很難。

如果想變白，就是使用具美白效果的牙膏，每天很認真地刷牙。(牙齒是命！)

牙齒是關鍵!!

嗯？那藝人怎麼會有那麼潔白的牙齒？

有人的牙齒真的異常地白。

那是做了牙齒美白或是換成白一點的牙齒。

換牙…！

磨亮的

白！

洗牙	去除牙結石（牙垢經石灰化而成的物質，光靠洗牙沒辦法去除）。具健保給付。每隔半年洗牙一次，可以預防蛀牙和牙周病。
PMTC 專業機械式 牙齒清潔術	除了洗牙外，還能去除因為咖啡、香菸等造成的牙齒汙垢及染色。另外，會使用含礦物質的打亮膏打亮牙齒，並按摩牙肉，為牙齒塗氟。費用大約是1,000～3,000元，通常健保不給付。
牙齒美白	以專用的美白藥劑塗抹牙齒表面，然後用雷射照射，使牙齒變白的方法。多數人是只美白張口時看得到的十二顆牙齒。主要方式有三種：「在醫療院所美白」「居家美白」「雙重美白」。通常健保不給付。 在醫療院所美白：由牙醫師操作，短時間內（要做好幾次）能讓牙齒美白，但回復成原來顏色較快（三個月～半年）。每個牙醫收費不同，一顆牙大約700～3,000元。 居家美白：牙醫師為患者量身訂製的個人牙托，患者在家中將美白藥劑擠入牙托內，每天戴4～6個小時。大概要戴兩星期牙齒才會變白，但較不易回色。上下顎十二顆牙齒（含牙托製作費）約7,000～15,000元。 雙重美白：在醫療院所做完美白後，在家續做居家美白，這是在最短時間內能夠美白牙齒的方法。上下顎十二顆牙（含牙托製作費）約15,000～40,000元。
塗美白液	直接將白色著色劑塗　在牙齒上，有別於牙齒美白的方式，連假牙都可能美白成喜歡的顏色。和搽指甲油一樣，美白液會逐漸變乾而完成美白。效果大約維持一到三個月，一顆約300～1,000元。健保不給付。
瓷牙貼片	將牙齒表面削去一層齒質，貼上特殊的瓷片。貼片可調整大小，也可以美化牙齒的排列。這種方式可以半永久地維持美白，一顆約10,000～30,000元。健保不給付。
裝假牙冠	將牙齒切削成一定的形狀，然後裝上其形狀瓷牙的方式。和瓷牙貼片相較，牙齒齒質切削的部分較多，所以也能藉此矯正牙齒，使之美觀。這種方式可以半永久地維持美白，一顆約4,000～50,000元。健保不給付。

就算牙齒變白，但牙肉顏色不好看的話，魅力也會減半！要使牙肉變成漂亮的粉紅色，每天刷牙就可以做到。
也不要忘記照顧牙齦喔!!

那麼接下來我們來談口臭。

口臭

好！

口臭的主要原因有下列三種：

①蛀牙或牙周病

②唾液量減少

③舌頭的髒汙

此外
鼻炎、胃部不適、
壓力等
也會造成口臭

呼吸

乾

乾

如果是因為蛀牙或牙周病，首先就要治療，

同時增加唾液量，並清潔舌頭。

我想很多人早上起床後都會覺得自己有口臭
這是因為睡眠時唾液量減少細菌繁殖所造成

好～臭～

繁殖

嘴巴裡好不舒服

照這樣說來，唾液可以有效抑制細菌的滋生嘍？

對，另外可以洗去附著在牙齒表面的汙垢，並促進牙齒的再石灰化。

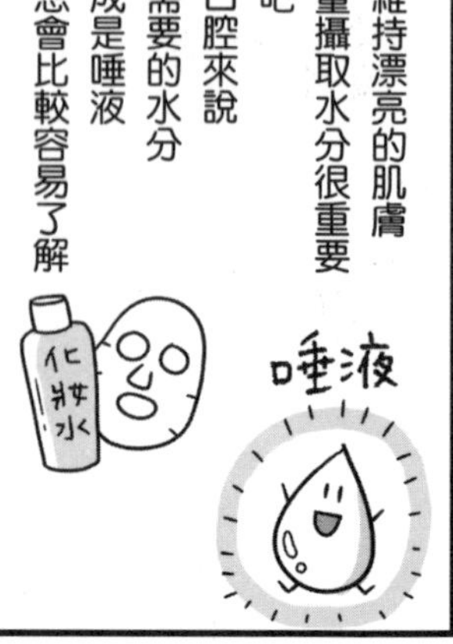

增加唾液量的方法

1、吃東西時要充分咀嚼 

2、攝取水分 

3、用鼻子呼吸 吸—呼—

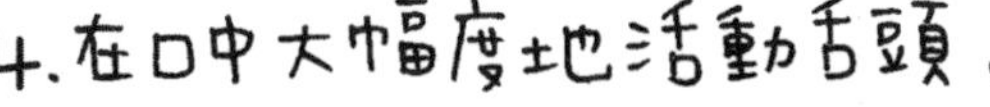

4、在口中大幅度地活動舌頭

5、吃口香糖（建議吃含有木糖醇的）

6、做臉部運動

☆臉部運動

張大嘴說「Y—一ㄨㄟㄛ」不只能增加唾液量
還能預防臉部的皺紋與鬆弛

※做臉部運動時，姿勢要正確、腹部要使力。

舌頭上會附著舌苔這種苔狀物。
是像這種白色的東西嗎？
對，沒錯。健康的舌苔就像鳥居小姐的一樣有點白色。
喔，帶華了！
喔，太好了
舌苔
不過，如果舌苔堆積變得太厚就會變得很白細菌會繁殖因而形成口臭

舌苔如果是黃色或青色的人就必須注意。
嗯，沒問題
用牙刷把它刷掉也是可以吧？
牙刷的刺激太強也可能會造成發炎
刷!!
刷!!
痛痛痛

可以的話請盡量使用舌頭的專用牙刷一天刷1次早上刷就可以了也可以請牙醫師幫我們刷除
不會傷害舌頭
特殊的纖維
除了牙齒黃及口臭外，也有以下這些問題。
請儘早注意預防對策。

口腔的問題

出血

因牙垢造成牙肉發炎的狀態，發生牙齦炎的機率很大，置之不理，繼續讓它發炎的話，就會形成牙周病。刷牙時，在發炎的地方施以按摩的話，大概兩星期，出血的情形就會改善，如果沒改善，就要向牙醫求救。

牙周病(齒槽膿漏)

牙齦炎持續惡化、支撐牙齒的齒槽骨遭到破壞的一種病症。年過四十，因牙周病而拔牙的人，比因蛀牙拔牙的人要來得多。因齒牙動搖、牙齦萎縮，到最後才發現自己罹患牙周病的人也為數不少。一旦得了牙周病，就比較難治癒，所以在牙齦炎的階段，使其不惡化，比什麼都重要。

知覺過敏

亦即牙齒一碰到過冷、過酸的食物，就會感覺酸酸的。這是由於覆蓋於牙齒表面的琺瑯質被磨損，經由象牙質的刺激傳導到神經的一種狀態。舉凡蛀牙、牙周病、不當的刷牙、不當的咬合等，都是造成知覺過敏的原因。可使用抗過敏的牙膏1週左右，如未改善，就要去看醫生。

智齒

智齒到底要不要拔，為此感到困擾的人也不少。

有以下情況的話，拔掉會比較好。

◎有蛀牙，牙齦經常發炎。

◎齒列不整齊，因而造成蛀牙。

◎相鄰的臼齒發生蛀牙時。

◎上下哪一方的智齒長不出來，造成不當咬合時。

這些食物富含形成牙齒和骨頭的必要營養素

- 維他命D…沙丁魚乾、鮭魚、秋刀魚、木耳、乾香菇
- 維他命B群…蛋、海藻類、豆類、糙米、乳製品、豬肉
- 維他命C…柑橘類、奇異果、草莓、青椒、芹菜
- 維他命E…酪梨、南瓜、堅果、鰻魚、鱈魚子
- 鈣質…乳製品、櫻花蝦、沙丁魚乾、日本油菜、羊栖菜
- 鎂…蜆、納豆、豆類、海帶芽、純可可豆

關於禮儀

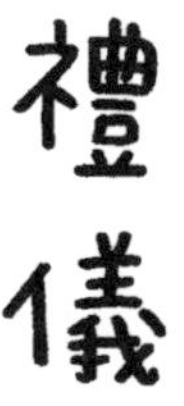

吃龍蝦時龍蝦肉還彈起來…
蹦

歡迎妳來謝謝。
面對新人的父母也說不出什麼得體話…
慌
我…我也謝謝。

妳想想看
所謂的禮儀
不是應該只要有一定程度的知識
就能做到嗎？
氣質
光是站在那兒
就從內在散發出光芒
好耀眼啊
不過，我最近深切覺得
光是具備知識
也未必能有優雅的舉止和談吐
嗯…
妳的煩惱
又比我高一層呢。
不愧是30多歲
是啊…

20多歲時，
即使舉止大剌剌也不在意。
超好吃！
或
完蛋了！
像這種比較口語的詞
也是很自然的使用…
這種話
妳前不久也還在說。
所
所以啊…

最近有這樣的言行舉止後，
我都會感覺自我嫌惡，
覺得「明明都這年紀了」…
松永小姐
也有這樣的
煩惱啊…
所以，老實說，
我剛才也有點
沮喪呢!!
改變
要趁早！
非改變
不可！
我們一起
學習禮儀吧！
坦然
O型

我們來到橫濱的
卡斯頓禮儀沙龍

在負責人船田小姐的自宅
可以學習禮儀
以及優雅的舉止
妳…妳好。
那個…今天…
請您多多指教！
僵硬
身體僵硬

呵呵。
請不要那麼緊張喔。
今天讓我們來學習「國際禮儀」吧。
船田小姐

哇哇哇！看起來好優雅！
散發出來的氣息就是完全不同！
交頭接耳
兩位請到這裡來。

不好意思。
兩位知道什麼是國際禮儀嗎？

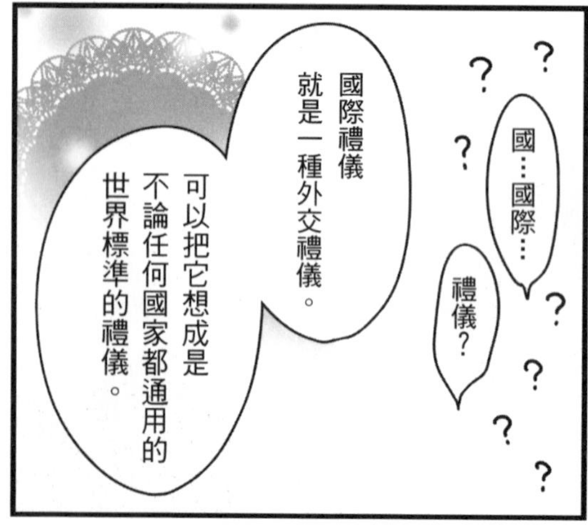
國…國際…
禮儀？
國際禮儀就是一種外交禮儀。
可以把它想成是不論任何國家都通用的世界標準的禮儀。

聽起來難度好像很高耶…
想要先在國內能用的…
呵呵光聽這個詞或許會這麼覺得…
禮儀的基本原則就是「為對方著想」。
不必想得那麼難喔。
禮儀就是關乎為他人著想的心情，以及不讓他人困擾的心態。
哦哦，好深奧的話…
船田小姐覺得所謂的禮儀達人是怎麼樣的人呢？
只是把任何一點做好是不行的。我認為各方面都做好才是真正的禮儀達人。例如…
舉止優雅
了解用餐禮儀
談吐優雅得體
也了解婚喪喜慶的禮儀而且能稍微用點心

怎麼辦？我沒一項有自信！
我也一樣好丟臉！
那麼就一項一項來吧。
首先從優雅的舉止開始。
鳥居小姐，請來這裡。

優雅的舉止

請妳從這裡走到椅子那裡然後坐下來
這裡
這裡
好。
好，請開始。

好
開始…
唔…
僵硬
身體僵硬
!!

夥伴～
啊－好難受!!!
坐下來好像也不能鬆懈啊。
暫時喘口氣!!
噗…
砰地

好，接下來…
妳能不能試著撿起這條掉落的手帕？
注意要優雅啊!!
鳥居小姐加油－－
無措

…
哇哈哈！

呃…
…

啊哈哈哈哈！
不行〜我無法忍耐〜
啊哈哈
好糟哈啊哈哈哈
意志消沉
對不起…
我不會撿…
妳是第一次嘗試，不用太在意〜
只要練習，不論任何人都能學會優雅的動作。

老師！這樣的鳥居小姐就拜託您多多指教了。
偷笑
我太丟臉了…
請交給我！待會我也會看看松永小姐的狀況喔！

呃！

「優雅的舉止」

光憑站姿或坐姿，就會給人截然不同的印象，不過，意識到這點的女性很少。請在鏡子前多加練習，並總是意識到他人的目光，這樣妳的形象一定會明顯變好。

美麗的站姿

站姿可說是所有動作的基礎。如果站得不好看，走路的樣子和坐姿也不會好看，所以，讓我們先練習美麗的站姿。剛開始不習慣時，身體有些部位可能會痛，但多加練習一定能慢慢習慣。

頭
想像頭頂有根線拉著，下巴微縮。

胸
肩膀由前向後轉、自然垂下後的狀態。不要太往前挺。

背
腹部稍微施力，背伸直。

手
自然垂於兩側（雙手如果在身體前方交握，頸部到胸部的線條就會往內縮）。

臀部
夾緊。想像兩臀間夾著一張薄紙，注意不要向後凸起。

膝蓋
膝蓋併攏。

腳跟
腳跟併攏。

腳趾
左右腳的大腳趾距離2～3公分。

〈從側面看的姿勢〉

利用牆壁練習站姿吧。當頭、肩胛骨、臀部、腳跟貼壁時，背部和牆壁中間的空隙，以約能插入單手手掌的大小最好。

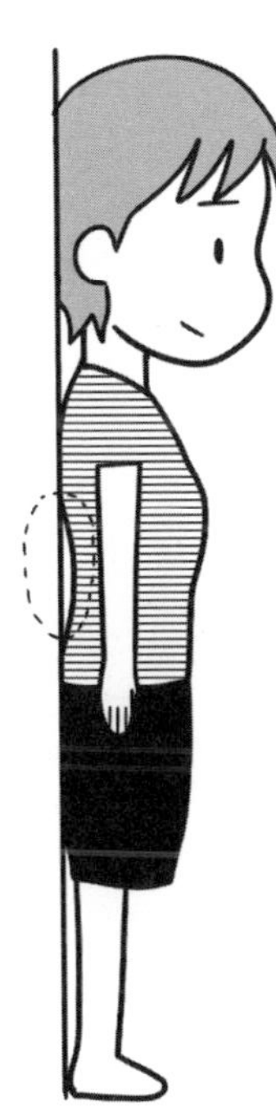

O型腿的人

站立時，單腳稍微錯開，看起來就很優雅。

O型腿矯正體操 1日20次

這是鍛鍊大腿內側的體操。雙膝、腳跟都併攏，膝蓋彎曲，做這個動作時不讓雙膝分開，就能改善O型腿。

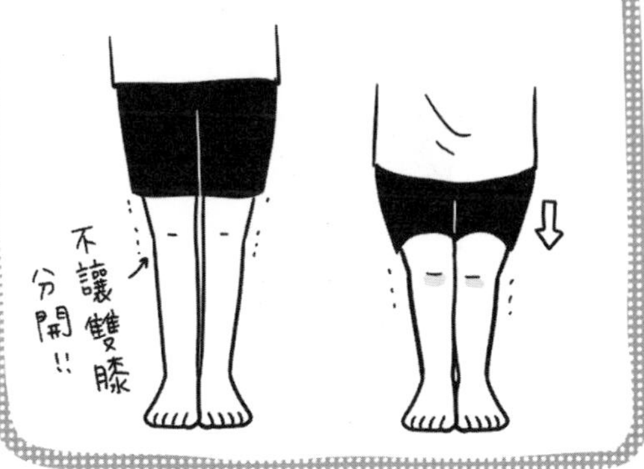

美麗的坐姿

我們很容易就會以覺得舒服的姿勢坐著，不過，坐姿不佳會導致腰痛、腳形變難看，連血液循環也會變差。從健康面來考量，美麗的坐姿也是優點多多。美麗的坐姿需要肌力，一開始先從30分鐘做起，然後再慢慢加長時間吧。

坐椅子

1. 站在椅子左側

因為在國際禮儀中，右邊是上座，所以從左側入座。

2. 走3步站在椅子前

首先，左腳斜踩向右前方，右腳踩向椅子前方。然後，讓左腳直直地靠向右腳。

3. 保持姿勢，慢慢坐下

如果太在意裙子皺摺而扶住臀部坐下，看起來不太美觀，所以要避免。一開始可以坐前面一點，注意不要讓臀部凸出椅子外即可。

4. 往後坐

在兩腋夾緊的狀況下，臀部直接往後拉。不過，背部不要碰觸椅背，大概保持一個拳頭的距離。

※想拉近椅子到桌子的距離，但又沒有男士可幫忙時，可握著椅子兩側快速往前拉。

5. 調整姿勢

頭

想像頭頂有根線拉著，下巴微縮。

胸

挺胸，但不要挺過頭。

背

腹部稍微施力，背打直。

手

雙手交疊置於大腿上。

※慣用手不要放在上頭，否則當要做什麼事時，動作會變快，看起來不優雅。

腿

雙膝貼緊，雙腳併攏，膝蓋成90度，大腿內側要用力。

※站起來時，動作相反。要從椅子起身時，雙腳不可併攏，單腳稍微往前，重心會比較平衡

坐沙發

1. 站在沙發前

視情況而定，但盡可能從沙發左側入座。

2. 保持姿勢，慢慢坐下

和坐椅子一樣，坐下時注意臀部不要凸出來。

3. 調整姿勢

頭

想像頭頂有根線拉著，下巴微縮。

胸

挺胸，但不要挺過頭。

背

腹部稍微施力，背打直。

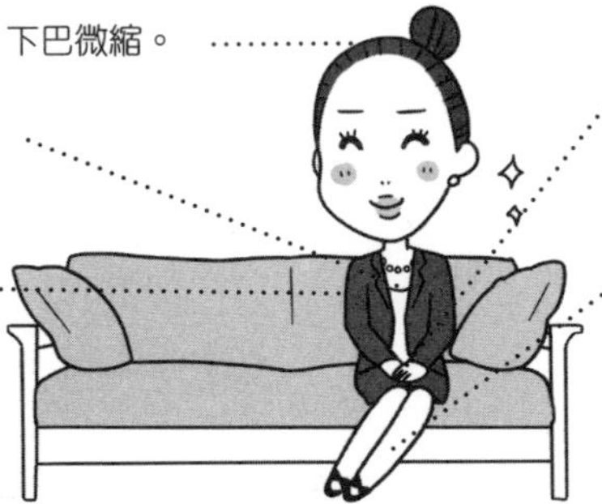

手

雙手交疊置於大腿上。

腿

雙膝靠緊，雙腳朝左右任一方筆直伸展，這樣腳看起來會比較修長好看。

美麗的走路方式

就像妳走在路上，會若無其事觀察走在前方的人，同樣的，別人也會從妳的走路方式看妳。而且，光從走路方式，就判斷一個人「工作能力好像很強」、「好像很懶散」，也是常有的事。此外，不可思議的是，如果走路姿勢好看，自我評價也會變高，連平常的動作也會改變。

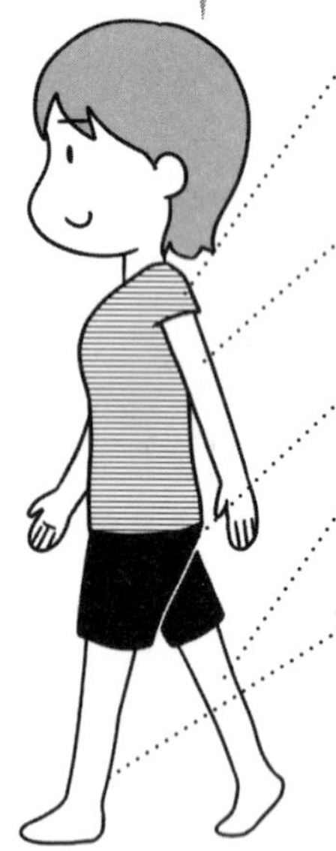

上半身

和優雅的站姿基本原則相同。腹部用力，挺直上半身。

手

擺動幅度不要太大；擺動時，手宜在身體後方而非前方。

臀部

適度用力。

膝蓋

盡量不彎曲，雙膝互碰。

腳的動作

雙腳距離同肩寬，腳跟先著地；想像自己走在平衡木上。走路的速度要配合時間、地點、狀況，盡量避免奔跑。

包包、袋子的提拿方式

學會美麗的走路方式後，接著來留意包包的提拿方式。

手提時

包包的位置要順著身體線條，不要前傾到身體前方。將包包掛於手肘、拳頭朝上的提法並不好看，要避免。袋子很多時，就由雙手平均分攤提。

肩揹時

包包往前揹容易駝背，要揹在側邊稍微往後一點的位置，並保持水平。

♡撿東西的方式

這是很女性化、更進階的優雅舉止。要保持平衡有點困難，請試著在家練習。

1. 站在物品的左方或右方

一邊走路、一邊撿東西並不好看，記得一次做一個動作。

2. 單腳稍微往前，蹲下

找到重心容易平衡的角度，保持姿勢垂直蹲下。穿胸口較開的衣服時要特別注意。

3. 撿拾物品，拿到身體前方

撿物品時，要像是沒有看著物品。

4. 站起來，往前走

維持姿勢起身，停留一個呼吸的時間，再往前走。

美麗的表情

不論舉止再怎麼美，如果臉不好看就本末倒置。
除了睡覺外，請注意維持下列表情。

額頭

不要皺眉，製造抬頭紋。

眼睛

適度張開，展現沉穩。

嘴巴

自然閉著，嘴角朝上。

嘴角上提操

食指壓著嘴角往上提。

優雅的用餐禮儀

接著，
我們來了解
用餐禮儀吧。

好…呼呼…
鳥居小姐
還在駝背…
那麼，
接下來換
松永小姐！
咦？好…
驚

松永小姐
因為工作的關係，
或許很習慣
這種需要注意
用餐禮儀的餐廳呢。
我來
扮演侍者。
嘻嘻嘻
偷笑
偷笑
偷笑
偷笑
呃，這…

我準備了
整套西餐料理，
請妳試著
做一遍看看。

什麼嘛，
不愧是
已經習慣
這種場合了
呢。
鳥居小姐，
妳把心聲
都說出來嘍。
好無趣

真是的…
被妳小看
我很困擾喔。
我都出社會
十一年了
嘛…
咦？
水沒了…
手一彈
喂，
侍者!!

剛才她是說
「喂」嗎…？
倒水聲…

倒
轉轉轉轉
松永小姐，
妳需要百葉窗
來遮羞嗎？
唰

雖然由我來說
不太適合…
但松永小姐…
肯定做錯了…

這…這個…我就說
我是要做
錯誤示範
給鳥居小姐
看嘛!!
我是在搞笑啦!!
對，
是這樣喔～
正確方式是這麼握著
不轉動杯子
真的!!
松永小姐
妳真是的！
疑

用餐的方式
非常重要喔！
常聽說有些人
和喜歡的對象一起去吃飯，
結果因為對方的吃相太糟，
夢想因而幻滅。
啊啊啊啊啊啊啊…
大口咀嚼聲

嗯，我很清楚
這一點。
吃相糟
很讓人
討厭…
正是如此。
為了不讓周圍的人厭惡，
我們來學習
優雅的用餐方式
這個成人的禮儀吧。
我也有
經驗。

優雅的用餐禮儀

隨著年齡增長，去正式餐廳用餐的機會也會變多吧。如果不知道符合這種場合的禮儀，就可能只是花時間在懷疑別人的做法是否正確，結果完全食不知味。為了能在這種用餐場合自在愉快，要學會最基本的禮儀。

最基本的用餐禮儀

・嘴裡還有食物時不要說話……

・香水不要噴得過重

・吃飯不要發出聲音

・用餐前先去上廁所

・不要用手機講電話，或做其他事

・如果周遭的人在意，就不要抽菸

・不用傲慢無禮的態度對待侍者

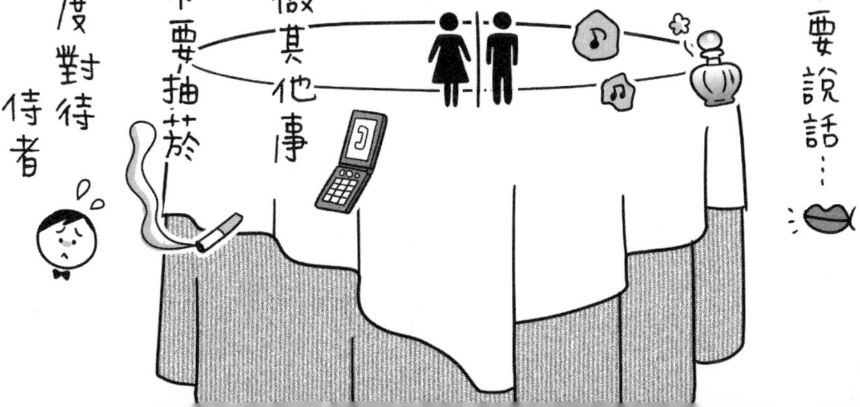

西餐包括了法式料理、義式料理等，但不論去哪種餐廳吃飯，都要能「不為他人添麻煩」、「開心從容」地用餐。

1. 確認服裝規定

預約餐廳時，先確認服裝規定，女性的穿著，則依據男性的服裝規定去搭配。白天最好選擇肌膚露出面積較少、布料較無光澤感的衣服；晚上則相反，可適度露出肌膚，並選擇有光澤的布料。

2. 進入餐廳

男性開門，讓女性先進餐廳。然後，告訴接待人員預約者的姓名和預約時間。

3. 寄放行李

如果有想寄放的行李和大衣，可放在寄物處。女性穿脫大衣時，最好交由男性服務。女性最好有個小包包，可裝貴重物品、手帕、化妝品等，可一起帶著入座；如果沒準備，而包包裡又有貴重物品，即使是較大的包包也最好隨身帶著。

4. 依侍者的引導入座

不要隨便坐自己想坐的位子，而是依侍者的引導入座。基本上，侍者先拉開椅子的那個座位，即是上位。如果對座位不滿意，可在點餐前告知「可以的話，我們想換到其他位子…」。

5. 坐在椅子前

在侍者拉開椅子之際，從椅子左側走三步，站在椅子前（參考P.312）。

6. 坐下

侍者將椅子往裡推，且碰到妳的膝蓋後側時，就保持直視前方的姿勢，靜靜地坐下。

7、放好包包

將包包放在背部和椅背之間。如果是有厚度的大包包，就放在雙腳前方。

8. 調整姿勢

參考P.312美麗的坐姿。身體距離桌子約1.5～2個拳頭遠。

點餐

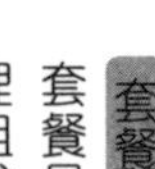

① 決定套餐或單點

先決定好，是要選擇從前菜到甜點都配好的套餐，還是單點，自己選幾道喜歡的料理。同席者如果選套餐，自己就配合對方。

② 點餐

套餐

套餐是由前菜、主菜、甜點等約10道料理組成。還不習慣點菜時，選擇套餐比較安心。

單點

由自己搭配料理。雖然不必每種菜單都選一道，但點的數量要和同桌者相同。再者，對餐廳而言，所有料理都值得推薦，所以要避免問「你們推薦什麼料理」。聰明的點餐法是先決定主菜，再選擇前菜等，最後再點酒。

A la Carte

這個!

這個!

這個!

∽ 法式料理的菜單大概長這樣 ∽

1. Aperitif

餐前酒，例如蘋果酒、雪莉酒、香檳等；也可以點水、碳酸水、葡萄酒等。

2. Vine

葡萄酒及所有酒類。很多時候是先點好餐，侍酒師再來點酒。如果不知道怎麼點，可交由侍酒師搭配。想讓侍酒師知道自己的預算，可指著酒單上的價格告訴他「請選擇這個價位」。

3. Amuse gueule

開胃菜，第一道上桌的料理。菜單上沒有、由店家自行送上的小菜。

4. Hors d'oeuvre或Les entrée

前菜。包括在一口大小的麵包上放肉、魚貝類等的卡納佩（Canapé），將肉、魚貝類、蔬菜等搗碎蒸熟的陶罐派（Terrine）等。

5. Les soupe或Les potage

湯品。狹義來說，Les soupe是清澈透明的湯；Les potage是濃稠的濃湯。

6. Granité

晶冰。以果汁、利口酒、糖漿等調味的冰品，主要用於清口。比起雪酪，它的冰塊較大。

7. Plat

主菜。Poisson是魚料理，Viande是肉類料理，可以兩種都點，也可只點一種。

8. Les fromage

乳酪。多半在用完主菜後，侍者會以推車送來幾種乳酪，可從其中選擇。

9. Les dessert

甜點。

10. Cafe ou Thé

咖啡、紅茶、濃縮咖啡等。

義大利料理菜單

自己單點搭配的形式，稱為Prefix。

1. Aperitivo（餐前酒）
2. Bevanda（酒類）
3. Antipasto（前菜）
4. Primo Piatto（第一道菜，如義大利麵、燉飯、湯等）
5. Secondo Piatto（第二道菜，魚類料理、肉類料理）
6. Contorno（搭配主菜的蔬菜）
7. Dolce（甜點）

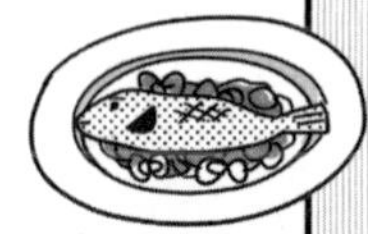

餐巾的使用

1. 拿餐巾的時機

在餐前酒送上時，取餐巾摺成兩摺、置於膝蓋。餐巾摺痕的那邊靠近身體。

摺痕方向

2. 擦拭嘴角

抓著餐巾的邊邊移至嘴邊，以餐巾內側輕壓嘴角。低頭或轉身擦的姿勢並不好看，要保持原本的姿勢。

3. 中途離席時

餐巾稍微對摺，放在椅子上（有些店會更換餐巾，或者在客人回座時，幫忙攤開放在膝上）。不過，用餐時最好不要中途離席。如果有必要，最好在上點心前再離座。

4. 用餐完畢後

稍微摺一下，放在餐桌左側。如果摺得很整齊，反而表示「料理不可口」「服務很差」等，要注意這點。

刀叉的使用

1.使用順序

餐盤兩側所放的刀叉，是以從外到內的順序使用；吃甜點用的刀叉，多是放在餐盤前方。用錯刀叉時，如果使用上不會覺得不方便，也沒關係，或是跟侍者反應，就能立刻換新的。

※桌上如果放了刀叉架，基本上就是以同一組刀叉吃到完。這時候，刀子是放在外側（刀刃朝內），叉子放於內側（朝上正放）。

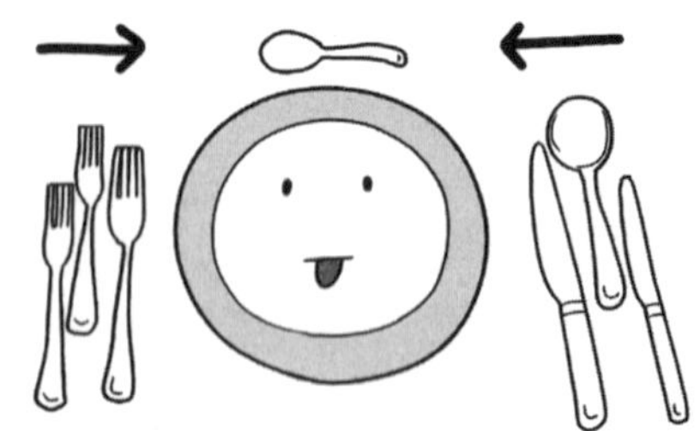

2.拿的方式

左手拿叉，右手拿刀。握住刀叉的柄，食指壓住刀叉柄與刀叉頭的銜接處；最理想的狀況是以手掌完全覆住柄。肩膀不要往外張，兩腋輕輕往內夾。

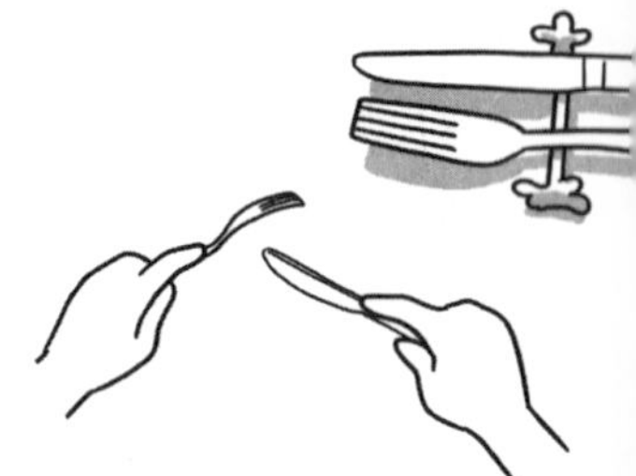

3.使用方式

用叉子固定食物，從食物左邊用刀子一次切一口吃。使用時，不要發出刀叉敲擊餐盤的聲音。

4.表示還在吃的擺法

刀刃朝向自己，跟叉子在餐盤上排成「八」的形狀。如果在喝湯，則是湯匙柄朝右，放在湯碗中。

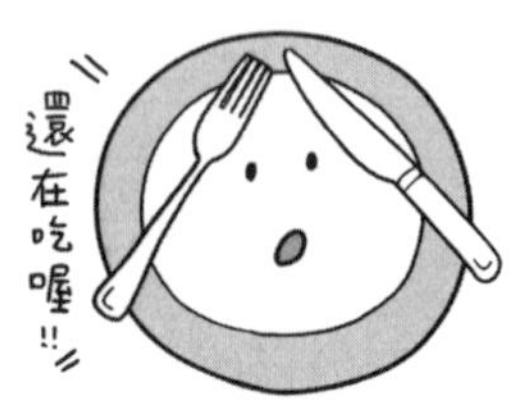

5.表示用餐完畢的擺法

刀刃朝向自己，叉子朝上，兩者一起斜放於盤中。湯匙則放在湯盤內側（如果沒有湯盤，就置於湯碗中）。

洗手缽的使用

如果有需要用手直接抓取的餐點，桌上會備有洗手缽，可分別伸入兩手輕輕搓洗，再用餐巾邊緣擦乾。不要雙手一起伸進去洗。

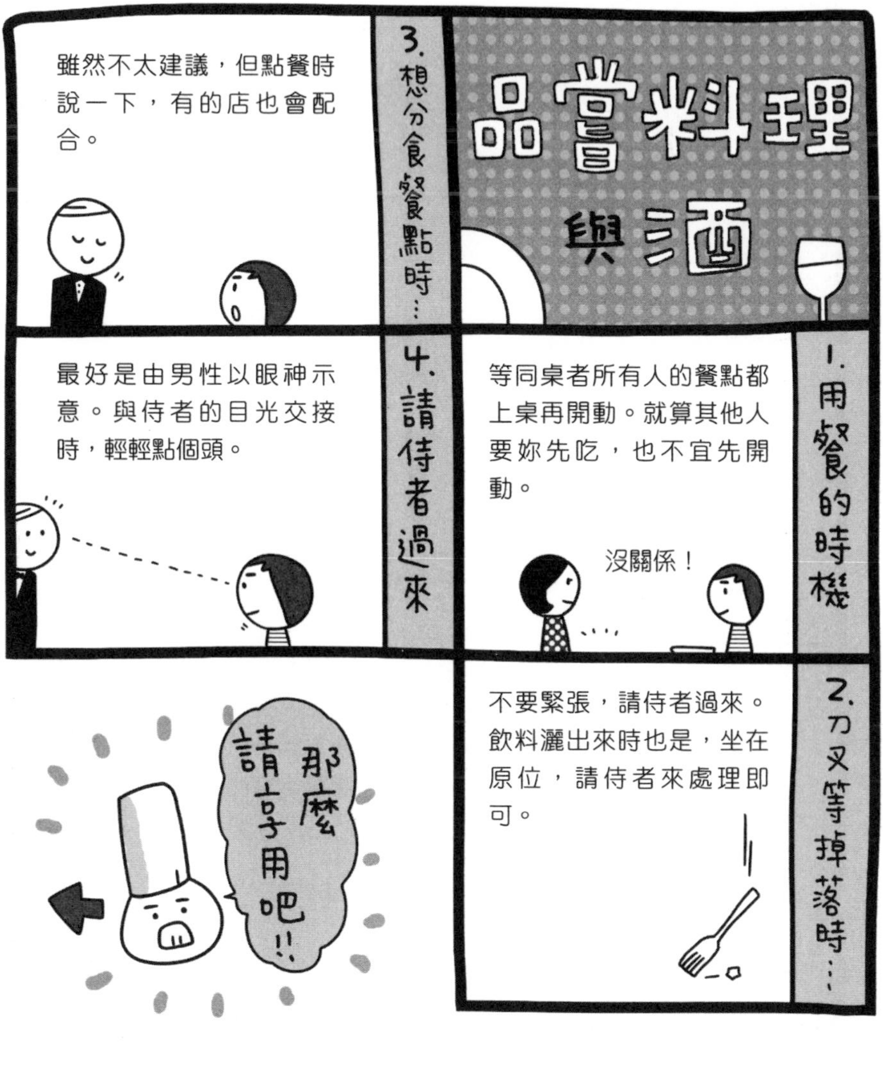

品嘗料理與酒

1. 用餐的時機

等同桌者所有人的餐點都上桌再開動。就算其他人要妳先吃，也不宜先開動。

沒關係！

2. 刀叉等掉落時……

不要緊張，請侍者過來。飲料灑出來時也是，坐在原位，請侍者來處理即可。

3. 想分食餐點時……

雖然不太建議，但點餐時說一下，有的店也會配合。

4. 請侍者過來

最好是由男性以眼神示意。與侍者的目光交接時，輕輕點個頭。

那麼請享用吧!!

酒

單手握著酒杯杯腳，無名指和小指最好也能扶著杯腳。拿著酒杯時，視線一樣朝向前方，拿著酒杯那手的肩膀稍微向外傾，看起來比較優雅。此外，為了不讓酒杯沾上口紅，之前要先以面紙擦掉。萬一酒杯沾上口紅，就用大拇指輕輕擦掉，再用餐巾邊緣擦手指。不可直接用餐巾擦拭玻璃杯。

手拿湯匙，從靠近自己的這一邊往外舀湯，送入口中（這是英式喝法，法式則是由外往內舀）。碗裡還剩一點湯時，則用左手將湯碗稍微前傾以舀起湯。如果是有把手的湯杯，一開始可用湯匙喝，等湯變少時直接拿起來喝無妨（要是左右都有把手的湯杯，則是兩手端著喝）。喝湯時絕對不可發出聲音、或是以吸啜的方式喝。

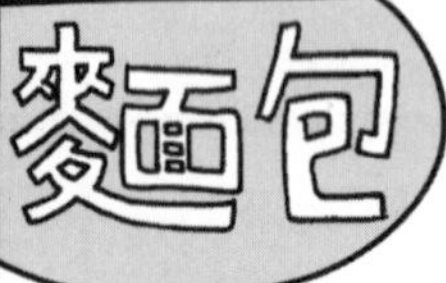

麵包是在喝湯的同時開始吃（湯沒有完全喝完也可以），在主餐吃完前可以追加（追加的麵包要吃完）。將麵包撕成一口可食的大小，塗上奶油吃。奶油是一桌共用，多半放在靠近上位的位置。切奶油時，是拿著奶油刀切下奶油，讓它落在麵包盤邊緣的內側（切的時候不要用刀子弄成球狀，而是讓奶油直接落下），然後將奶油傳給鄰座。傳的時候不要舉高盤子，而是輕輕推向鄰座。
再者，麵包屑如果掉在桌面，也不用撥到桌下，保持原狀即可。

在西餐中，白飯是附菜的一種。雖然沒有正式吃法，但一般是以右手持叉將飯送入口中。

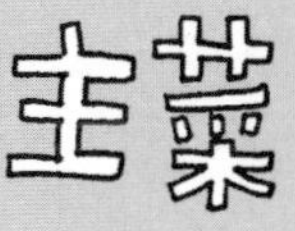

從料理左側開始切，每次只切一口大小品嘗，不要一開始就全都切成小塊。即使是帶骨的肉料理，也不要用手抓，可以用叉子固定骨頭，用刀子一次將肉和骨頭切開，再將肉逐次切成一口大小。魚肉太碎，無法用叉子叉起時，就用叉子直接舀起。如果還是不方便吃，左手可以拿一塊一口大小的麵包，用右手的叉子將魚肉撥到麵包上；在左手拿著麵包的狀況下，將魚肉以叉子送入口中，再將麵包換到右手吃。此外，醬汁較多的魚類料理也可能附上湯匙。右手拿著湯匙，將魚肉切碎，沾著湯汁一起吃。

正式的吃法是使用叉子。用叉子捲起一口大小的麵條（3、4條）送入口中。短的義大利麵，基本上是用叉子舀起，而不是叉著吃，但不方便吃時，叉著吃也可以。

披薩

正式吃法是使用刀叉，一口一口切著吃。如果是比較隨興的店，用手拿著吃也無妨。

甜點

蛋糕和派等是使用刀叉吃，冰淇淋則是用湯匙。要吐水果種子時，可用餐巾遮住嘴，輕輕吐在掌心，再放在盤中。吃哈密瓜時，先用叉子固定果肉，拿著刀子從右側插入果皮果肉間，切開至2/3長的位置，再將盤子轉180度，把還沒切開的1/3部分同樣從右邊切開。切開果肉後，逐一切成一口大小品嘗。如果餐廳上甜點的方式是用推車，可選擇三道。一開始就拿個五、六道，不是太有品味。如果侍者說「請您再拿一點」，就再拿個一、二道。基本上，甜點是不追加的。

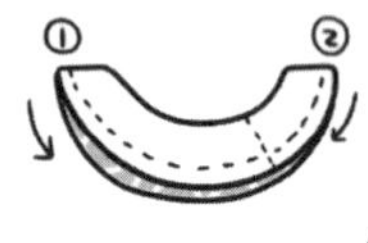

餐後飲料

手握杯把，安靜地啜飲。攪拌牛奶等的湯匙要放在杯子後。

其他

帶殼牡蠣

左手固定殼，右手持叉將肉取出。

卡納佩

（上頭盛放料理的小麵包）可以用手拿著吃。

龍蝦

左手用叉子固定殼，將刀子插入殼和肉之間，取出龍蝦肉置於殼的內側，從左邊起一口一口切著吃。

沙拉

基本上用刀叉吃，沙拉盤不拿起來。

✿ 結帳～離開

通常侍者會來桌邊結帳。付帳時可以說幾句自己的感想，如「很好吃」「很開心」「以後還想再來」等。結帳後，取回存放的行李。大衣要在店裡穿上。

日本料理

日本料理的基本禮儀，說是「筷子的使用」也不為過。由於平常的習慣很容易表現出來，所以平時就要注意筷子的使用方式。

1. 進入店裡，寄放行李

進入店裡，先告知接待人員預約者的姓名和預約時間。如果有想寄放的行李和大衣，可放在寄物處（大衣要在進門前就先脫好）。

※進入需要脫鞋的店時，脫鞋後要轉個方向、膝蓋併攏，將鞋子擺好。不可背對著包厢脫鞋。

2. 依循接待員的指示就定位

來到接待員指示的位子。離出入口最遠、有壁龕的座位為上座；離出入口較近的座位為下座。走路時，不要踩到門檻或是榻榻米的封邊。

3. 就座

有坐墊時，注意不要踏到坐墊，然後先在坐墊前跪坐，雙手置於坐墊兩側，身體前移，跪坐於坐墊上。

4. 放好包包

包包放在桌下。

5. 調整姿勢

正式場合最好跪坐，不過，如果對方示意你可以坐得輕鬆點，也可不跪坐。這種時候，要雙腳併攏橫坐。

使用筷子的方法

1. 拿起筷子

①

右手從筷子中央拿起，置於胸前。

②

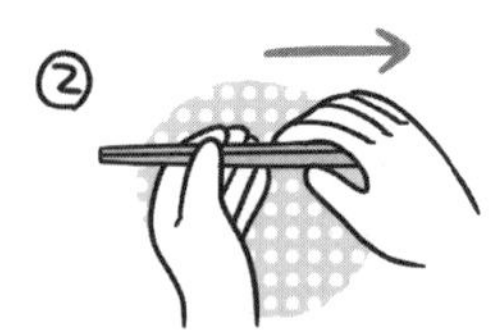

左手從下方扶著筷子，右手移向筷子右邊。

③

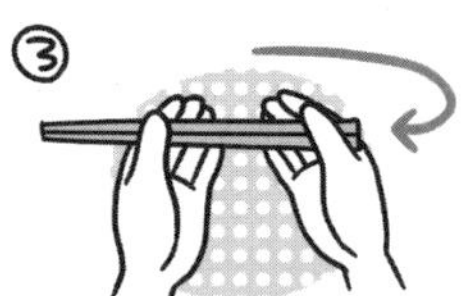

右手移至筷子下方，握住筷子右端算來約1/3處，左手放下。

使用免洗筷時

將免洗筷移至桌下，橫放，開口處向左，再輕輕掰開筷子，不要垂直掰開。此外，筷子打開後，要先放回筷架一會兒再使用。如果免洗筷上捲著紙捲，不要弄破，而是朝著開口處，將紙捲下移拿掉。

2. 放下筷子

①

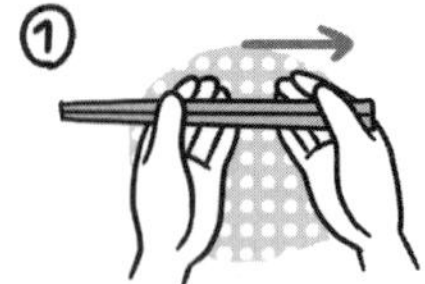

左手扶住筷子下方，右手移向筷子右邊。

②

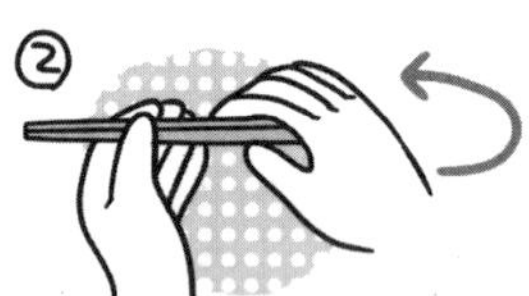

右手上移，由上握住筷子，接著左手上移，兩手握住筷子。

③

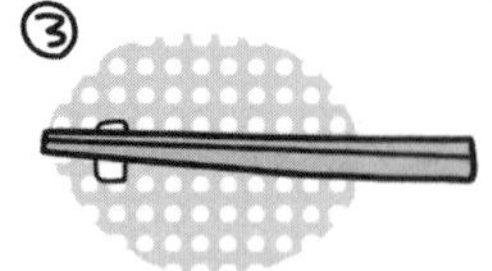

將筷子放在筷架上，筷子前端要凸出2～3公分。

沒有筷架時

如果有裝筷紙袋，就將紙袋打成千代結，當作筷架。如果沒有，筷子可放在膳盤左端，讓筷子前端凸出2～3公分。

・千代結

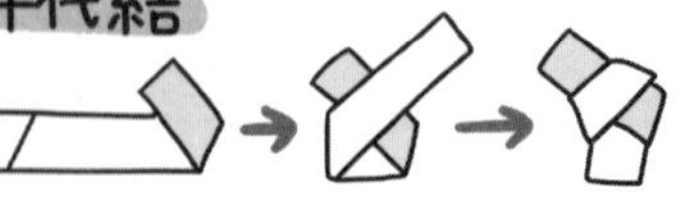

3. 用餐完畢的擺法

以懷紙擦拭筷子前端，置於筷架。

沒有筷架時

有裝筷紙袋時，將筷子放進去，紙袋左下角往下摺（表示使用完畢）。將紙袋做成千代結時，筷子插入其中放好。沒有裝筷紙袋，就將筷子放在膳盤左端。

違反禮儀的用筷方式

傳物筷

用筷子傳遞食物。

剔牙筷

把筷子當牙籤使用。

含嘴筷

含住筷子前端。

迷惘筷

不知要挾哪道菜，筷子飄來移去。

握碗筷

手裡還握著筷子，又同時拿碗。

攪拌筷

用筷子在碗裡拌啊拌。

香爐筷

將筷子插在飯上頭。

橫跨筷

筷子橫跨在碗上。

垂淚筷

筷子末端滴下湯汁。

拉物筷

用筷子拉著器皿。

刺物筷

用筷子刺食物。

指物筷

用筷子指著人或食物。

懷紙的用途

懷紙原本的用途，是在日式茶會中用來放和菓子。不過，吃日本料理時也很適合使用，可去文具店或茶道具店購買。

用來盛接可能滴落的湯汁

懷紙摺成兩摺，摺痕靠近自己這一邊。

遮蓋吃剩的食物

可以覆蓋骨頭、種子、沒吃完的食物等。

壓住食物

吃帶頭、帶尾的魚或蝦時，可壓住食物。

擦拭指尖和嘴部的髒汙

弄髒的懷紙放在和服腋下，離席時帶走。

遮住嘴

要吐出骨頭或種子，或是咬斷蝦尾或炸蝦尾時，可用來遮住嘴。

器皿的使用

1、可手拿的器皿，和不能手拿的器皿

基本上，器皿大小是手掌可握的，就是拿著吃。盤子或魚類料理，多半不可拿起來。

手拿的器皿

茶碗、湯碗、丼飯碗、小木盒、小碗、小碟（包括醬油碟、天婦羅醬汁碟）。

不可手拿的器皿

盤子、生魚片、大木盒、天婦羅、魚類料理。

2、有蓋子的碗

①

左手固定碗，用右手拇指、食指、中指抓住碗蓋拿取處將碗打開。

②

碗蓋豎直打開，讓蓋子上的水珠滴落。

③

碗蓋拿取處朝下，以左手扶著，放在膳盤外的左側。

食用完畢後，將碗蓋蓋好，碗蓋不要放反。

※如果出菜時，附蓋子的料理有好幾種，就先全部打開蓋子。這種時候，放在左邊的料理，打開的蓋子就放在左側；放在右邊的料理，打開的蓋子就放在右側。

3. 碗的拿法

① 

雙手拿起，舉至胸前。

② 

左手拿碗，右手拿起筷子。

③ 

拿著碗的左手中指和無名指夾住筷子前端。

④ 

右手從下方拿好筷子，左手離開。

4. 用畢的餐碗

用畢的餐碗放在膳盤外頭。

5. 違反禮儀的器皿使用方式

重疊

這樣會損傷器皿。

拖拉器皿

會損傷餐桌和器皿。

拇指放入器皿內側

拇指要托住器皿邊緣。

品嘗料理與酒

這裡是以一般日式會席料理來做說明

1. 前菜（先付）

色彩鮮豔的當季食材和美味堆成一座小山。享用時，盡量不要讓小山太快塌下，從邊邊開始吃。

2. 湯（吸物、碗物）

兩手捧著碗，一邊聞著香氣，先喝一口湯。接著，再用筷子挾湯裡的料吃。之後的吃法就很隨興。還在吃料時，湯碗要放在膳盤內的邊邊。

3. 生魚片（刺身、御造、向付）

穗紫蘇放在醬油碟中，山葵直接放在生魚片上，再沾醬油吃。基本上，生魚片的排列，從最靠近客人的一邊往外，會是白肉魚、貝類、紅肉魚。品嘗時，從最靠近自己的食材開始吃起，更能充分享受各種滋味。和生魚片一起附上的紫蘇葉或蘿蔔絲等，主要用途是清口，不吃也可以。

4. 煮物

較大的食材，就以筷子切成一口大小品嘗。湯汁較多者，也可直接拿起碗喝。

5.烤物

烤魚要從左邊開始吃。如果有附酢橘或檸檬，一開始就要擠在整塊魚上。擠汁時，為了不灑出去，要用左手擋住（如果是切成片狀，就直接放在魚塊上，藉由筷子分散汁液）。如果烤魚有頭、尾，要從左側（頭部）向著右側（尾側）吃起。吃完朝上的一面後，左手拿著懷紙固定魚頭，以筷子挾起魚尾，將魚背骨和魚頭拿掉，魚身翻面。翻面的魚身，一樣從左側開始吃。吃魚的順序顛倒是大忌。

6.炸物

將蘿蔔泥等調味料加入天婦羅醬汁中，然後在盡量不使擺盤崩塌的前提下，從自己前面的炸物一口一口挾著吃。像蝦子等無法用筷子挾斷的炸物，可用懷紙遮住嘴巴，直接咬著吃，不過，吃到一半的食物不可放回盤中。此外，為了不破壞口感，不要把炸物一直浸在醬汁中。

7.蒸物

茶碗蒸或土瓶蒸等。茶碗蒸的器皿很燙，可先放一會兒，待可直接用手拿時再拿起，不要攪拌食材，而是以湯匙從前面開始舀起來吃。土瓶蒸則是將蓋子掀開，置於右側（瓶蓋凸起處朝下），擠入酢橘汁，然後不把蓋子蓋回去，直接將湯汁倒入小碗中。土瓶蒸裡的料，則是用筷子挾起放入小碗中，和湯汁交互食用。吃完後，將酢橘放入土瓶中，蓋上蓋子。

8.醋物

像「水雲」（譯註：又稱海蘊，是一種類似髮菜的褐色海藻）等較難用筷子挾的食物，可以直接以碗就口吃。如果醋物附有淋醬，不要全部攪拌在一起，而是一口沾一點淋醬吃。

9. 白飯、汁物(留椀)、醬菜(香物)

汁物登場時，就要停止喝酒。以沒有沾著飯粒的筷子輔助，先喝一口汁物，然後吃白飯、醬菜。醬菜不要放在白飯上一起吃。要添飯時，先放下筷子，雙手捧著碗交給添飯的人。拿到新添的飯後，先暫放於膳盤中，然後再拿起。汁物的食材中如果有貝類，不要把殼挑出來，以筷子直接取肉吃，殼就放於碗中。

※白飯以壽司代替時…

用筷子挾或手拿都可以。將壽司橫著拿，有食材的一邊稍微沾點醬油。散壽司則是先將食材沾著山葵和醬油吃起，再吃醋飯；如果是食材更碎的散壽司，則是將醬油均勻倒在食材上吃。

※白飯以蕎麥麵代替時…

一次挾一口大小的量（3、4條麵條）。麵條不要攪拌，而是從自己面前的吃起。

10. 水果

直接用手拿著吃。如果附有刀叉，則從水果右邊一次切一口大小品嘗。吃完的橘子和哈密瓜皮等，吃過的一邊朝向自己放好。

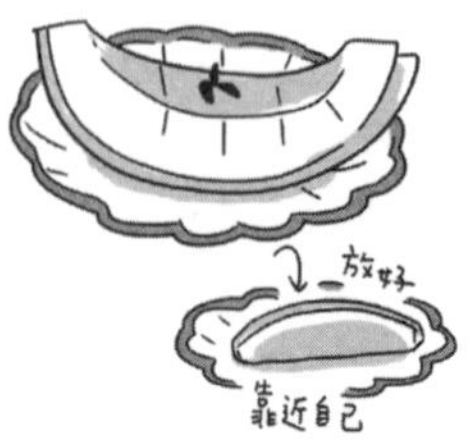

如果出現自己討厭的食物…

最好事前告知店家自己不吃的食物，如果還是有，就完全不要吃、蓋好蓋子，放在膳盤外頭。要是吃了一點又剩下來，會讓人覺得是意指「食物不好吃」，反而更失禮。

中式料理 囍

吃中式料理的重點是「大家一起開心享用」，所以基本上不必顧慮太多，但是，為了能和同桌者一起愉快用餐，還是不可忽略最基本的一些禮儀。

1、進入店裡，寄放行李

進入店裡，先告知接待員預約者的姓名和預約時間。如果有想要寄放的行李和大衣，就放在寄物處（大衣要在進店前先脫好）。

2、依循接待員的指示就定位

在接待員指示的位子就定位。離出入口最遠的座位為上座，上座左邊的位子是第二順位、右邊的位子是第三順位，離出入口最近的座位為下座。

3、就座

參考P.312的坐姿說明。包包放在椅背和背部之間。

～點餐～

一般來說，中式料理都是一大盤，大家一起分著吃。即使是套餐或單點，一盤料理也可能是好幾人份，點餐前一定要確認。如果是單點的菜，分量標示為「小」，多是二～三人份；「中」則是四～五人份。

—湯匙的使用—

如同日本料理中的「筷子」一樣，在中式料理中，「湯匙」的使用方式很重要。拿湯匙的正確手勢，是食指放在湯匙柄的凹槽上，拇指從下方扶著。此外，湯匙就口時，不是打橫的，而是斜斜的就口。

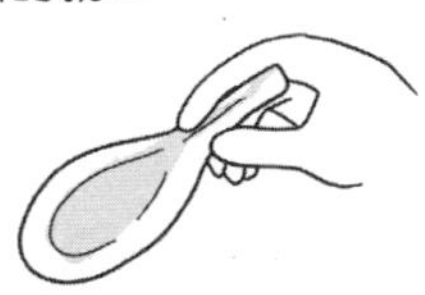

品嘗料理與酒

1、圓盤的轉動方式

圓盤要以順時針方向轉動。只有料理和調味料可放在圓盤上，其他像是可取用的個人小餐碟、使用完的小餐碟、容易傾倒的啤酒瓶和玻璃杯等，不要放在上頭。

2、料理的取用法

從誰開始取用？

先由上座者取自己要吃的分量放入小餐碟中，再以順時針方向轉動圓盤，讓每個人各自取用。拿取自己的分量後，慢慢轉動圓盤，讓料理能正對著下一個人。基本上，不必幫他人盛菜。

怎麼取用？

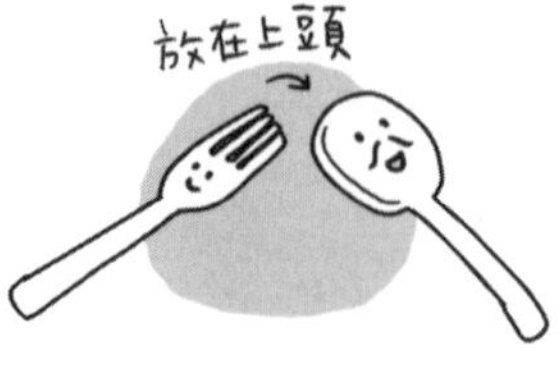

如果有公筷，就使用公筷；如果沒有，就用自己的筷子。餐廳如果有準備取菜的叉子和湯匙，就用右手拿湯匙、左手持叉，將菜放在湯匙上移到自己的小餐碟。如果取用的食物沒吃完，比較失禮，所以最好拿取自己吃得完的分量就好。

菜餚還有剩時怎麼吃？

不必拘泥取菜順序，想挾菜的人就自己來。另外，也不用在意圓盤要以順時針方向轉動的規則，可以自己方便挾菜的方式轉動圓盤。

3、器皿、小餐碟的使用方式

小餐碟會隨著每道料理上桌時更換。吃中式料理時，碗盤不離桌是規則。不論是從大餐盤取菜到小餐碟時如此，從小餐碟取菜吃時也是，碗盤都要放在桌上。品嘗湯汁較多的料理時，則以湯匙代替小托盤以盛接湯汁。另外，和日本料理相反，使用過的碗盤可疊起來。

酒

日本是用餐時一開始就乾杯，吃中式料理，則是在菜餚上桌時才乾杯。此外，酒杯互碰時，為了表示對對方的敬意，自己的酒杯位置要比對方的低。

中國茶

中國茶是在用餐時飲用。雖然挾菜時不必幫別人挾，但倒茶時，可幫鄰座的人倒。茶喝完，要請侍者再送一壺時，可將茶壺蓋倒著放，並且稍微往右移。

湯

用湯匙舀著喝。如果湯裡的料無法舀起，就用筷子輔助先移到湯匙裡再吃。湯碗不可就口。

飯類

用湯匙舀著吃。如果量少到無法舀起來，就將碗盤稍微前傾，好讓飯集中。碗盤不可就口。

麵類

右手持筷，左手拿湯匙。將麵挾起，先移至湯匙內，注意挾麵時不要噴灑出湯汁。吃麵時，不是直接以湯匙就口，而是以筷子將湯匙內的麵條送進嘴裡。要喝湯時，就放下筷子，將湯匙換到右手。

北京烤鴨

基本上是由侍者一份份包好。如果是自己包，先將餅皮放在小餐碟上攤平，以湯匙塗抹醬料，再放上食材，依左、前、右的順序包好。用手拿著，從開口處吃，注意不要讓醬汁滴落。

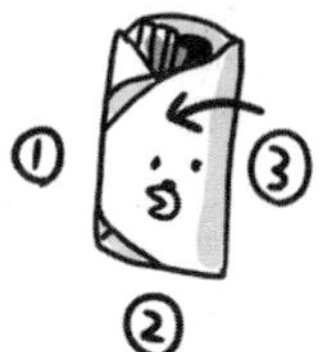

帶殼蝦子

可直接用手剝殼吃。如果是大尾蝦子（帶頭）或蒸蝦等，左手先抓著蝦頭、右手剝殼，再拔除蝦頭。蝦膏可直接吸，蝦腳拔除（蝦尾留著）後，蝦肉直接以手拿著吃，再以洗指缽洗手。

中式麵點

先剝成兩半，一半置於盤中。一次撕一口大小品嘗。

餃子、春捲

如果體積比較大，就用筷子掰開，切口處沾食醬料吃。

優雅的用詞

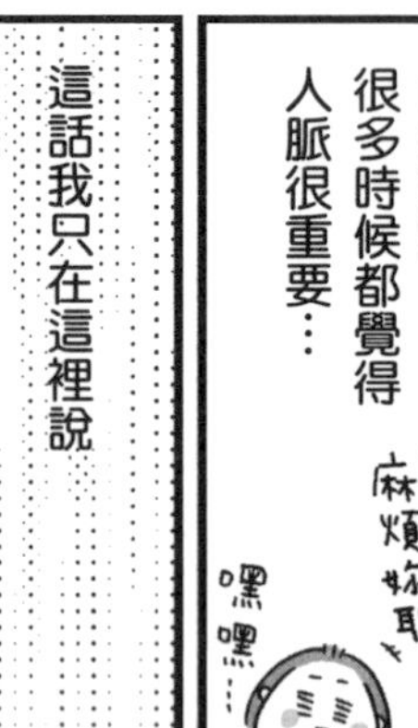
我是自由接案的插畫家
很多時候都覺得人脈很重要…
我認識的編輯說他有工作想麻煩妳耶
嘿嘿…
這話我只在這裡說

我…其實…
非常不會說話…
我知道！船田小姐，我跟妳說喔。

我和鳥居小姐第一次見面時
是…
是這樣啊…
她只會說這兩句話
嘿嘿

等、等一下!!
不管是誰，和第一次見面的人說話都會緊張吧!?
松永小姐好過分!!
接著，

第二次見面時她雖然拚命講話
但老實說我實在聽不懂她想表達什麼
又講個不停
而且講話聲音又小
那…個…所以…就…這樣 哈哈…嘿嘿嘿…
咦？
咦？

第一次是緊張，結果講不出話來。
第二次我很努力想說些什麼喔。
結果內容卻變得支離破碎…
對吧？
哈哈哈
是這樣沒錯—
那時候
我的確是這樣—

……這樣啊。不過，
有些人的確會意識到自己不擅言辭呢。
這樣的人，我會建議他們
變成傾聽高手
變成傾聽高手
即使是「很會說話」的人，如果完全不聽別人說的話，
這種人就是「不擅對話」喔。
對話是一種溝通方式，所以具備傾聽的能力非常重要。
對話中，對方的話占七成自己占三成這樣的比例剛好喔
3成：7成
如果對方很想說話也可以是九比一的比例
1成：9成
善於傾聽的重點有以下七點。

善於傾聽的重點①

把對方的話聽到最後

對方說話時，不要突然插嘴，像是說「說到〇〇啊…」，或是自己先幫別人做結論，例如：「那就是〇〇啊」。

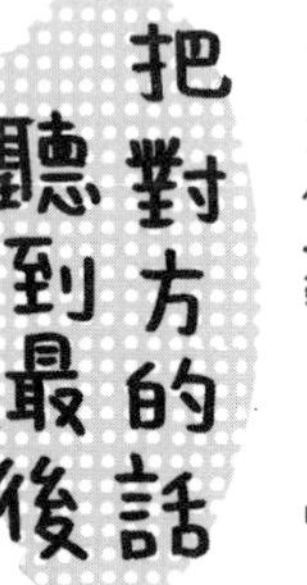

善於傾聽的重點②

適度點頭與回應

沒有回應會讓對方感到不安，所以在講話的段落間可以輕輕點頭，或是做些回應，例如說「嗯」、「原來是這樣啊」等。不過，如果對方還在講話妳就回應，或是反應太過頭，也可能讓對方不舒服，要特別注意。

回應的種類

★肯定

「嗯」「是」「欸」「對」

★同感

「原來是這樣啊」「的確如此」「就如你所說的」「我也這麼認為」「我覺得很好」

★驚訝

「咦～！」「真的嗎？」「不會吧」「真不敢相信！」「怎麼有這種事！」

★體諒

「那你一定很困擾吧」「真是可惜」「狀況還好嗎？」

★稱讚

「好棒！」「哇～！」「真有你的！」「真厲害！」「了不起！」

★祝福

「太好了！」「你做到了！」「恭喜你」

善於傾聽的重點③

複述對方的話

直接重複一遍對方的話，如果能再加上自己的感想更好。

善於傾聽的重點④

整個身體朝向對方

聽別人說話時，不只是臉朝向對方，包括整個身體也是，這種姿勢能傳達「我正專心聆聽」的訊息。雙手在胸前交叉、腳蹺起來，或邊聽邊做其他事都是禁忌。

善於傾聽的重點⑤

視線接觸

輪流看著對方的眼睛和下巴周圍。如果看對方的眼睛會不好意思，看鼻梁一帶也可以。相反的，如果一直盯著對方的眼睛看，也會讓對方困擾，要注意。

善於傾聽的重點⑥

向對方提問

當對方的話告一段落，如果能提出可延伸話題的問題更好。

提問範例

之後怎麼樣了？

為什麼會變那樣呢？

這是怎麼回事？

後來的情況呢？

然後呢？

善於傾聽的重點⑦

以對方的提問，反問對方

對方問你問題時，常是因為他自己想回答這個問題，所以先問你。你在回答後，可以順勢反問。

善於談話的重點①

先說結論

自己要清楚知道結論是什麼（自己最想說的事），而且一開始就說，這樣對方也能安心地聽你說話。

善於談話的重點②

說話要簡潔簡短

什麼都想說，會讓自己的觀點失焦，不如讓聽者覺得「資訊有點不太夠啊」，然後再展開話題，比較容易傳達想法。

善於談話的重點③

慢慢地、清楚地音調略低地說話

愈是焦急，就愈不知道自己在說什麼，所以，要有意識地放慢速度。聲音低沉，能讓對方感到安心。此外，聲音要稍微大一點。

善於談話的重點④

看著對方的眼睛說話

和聽別人說話一樣，講話時也要輪流看著對方的眼睛和下巴（或鼻梁），這樣能給人好印象。

善於談話的重點⑤

直到整段話說完，都要好好說

很多時候，我們因為太在意氣氛和談話的節奏，所以一段話最後常會草草帶過。但是，如果直到整段話說完都能好好說，別人也會比較信賴你。

善於談話的重點⑥

避免使用專有名詞或英語

想要說話說得好，就不要使用專有名詞或英語，即使這種說話方式在公司裡行得通，但也有可能在其他地方完全行不通。記住要使用誰都懂的詞彙。

職場對話中的英語用字（一例）

Initiative…主導權
Evidence…證據、根據
Commit…承諾。在商場中使用，帶有「為了達成目標而努力」的強烈意味
Consensus…共識
Compliance…（企業）守法
Substance…實質、本質
Scheme…計畫、架構
Task…作業
Temporary…暫時的
Priority…優先順序
Pending…保留
Minority…少數
Majority…多數

善於談話的重點⑦

「呃」、「這個」、「那個」等詞要少用

「那件事啊…呃，在前幾天的會議中，那個…」像這樣支支吾吾的發語詞一多，可能讓對方聽不太懂。想減少發語詞，將一段話拆成幾個簡短的句子很有效果。

善於談話的重點⑧

提出不能以「是」或「不是」回答的問題讓話題延續

順帶一提，談話中斷時，能再度展開談話的便利話題有「天氣」「食物」「嗜好」「新聞」等。

我口齒不清的狀況很嚴重。
有沒有什麼好的練習方法呢？
我會建議妳做
繞口令的練習喔

特訓!!繞口令!!
不必練習到說得很溜的程度
重點是每個字都要能清楚發音
【1】
喔阿呀　喔呀 泥　喔阿呀媽利　喔阿呀　呀喔呀　泥　喔阿呀媽利　豆　伊伊
（譯註：日文為「小綾的父母要小綾道歉，小綾卻要蔬果店的人道歉」。）
【2】
東京特許許可局長
今日急遽休暇許可拒否
【3】
社長支社長
司書室長
小綾!!
爸爸媽媽對不起
眼珠一轉
道歉
對 對不起…
父
母

喔…喔啊呀呀呀
喔　呀呀
呀…
喔　呀呀呀
在話說得很溜之前，要怎麼改善說話小聲的問題呢？
聲音小的人，我覺得練習腹式呼吸不錯。
小聲
我想多數人都是使用胸式呼吸…
但這種狀況下在發出聲音時聲帶是縮起來的狀態
吸
胸
腹

※隨著成長，我們也開始使用胸式呼吸。

使用腹式呼吸發聲的練習方法

①

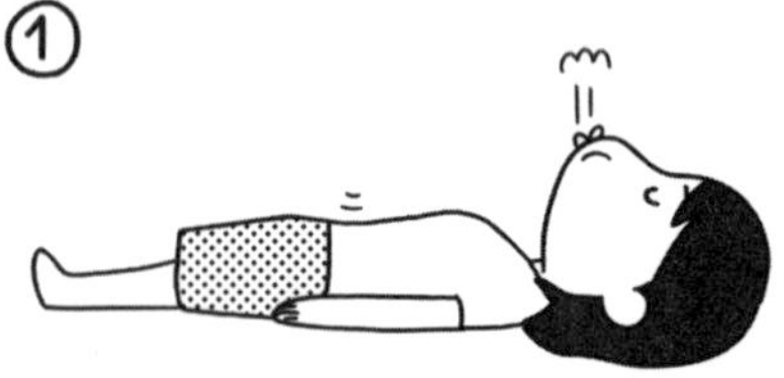

仰躺，放鬆。嘴巴慢慢吐氣，直到沒氣（腹部下凹）。

②

鼻子慢慢吸氣（腹部隆起）。

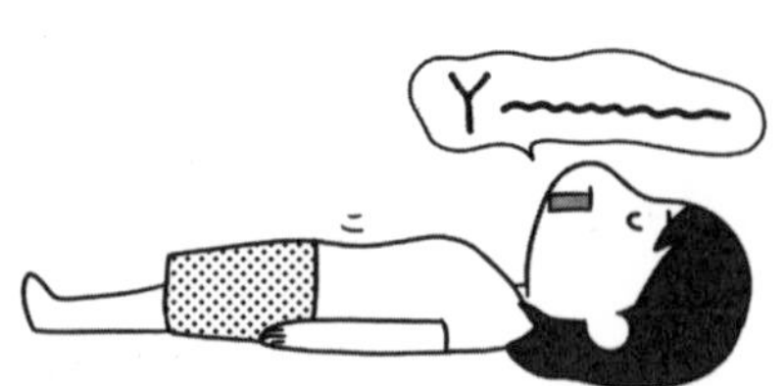

習慣前兩個步驟後，吐氣的同時發出「ㄚ」的聲音，一直到氣吐盡；再慢慢吸氣，並持續發出「ㄧ」的聲音。接著，再以「ㄨ」「ㄝ」「ㄡ」的音來練習。

④

熟練後，改成站著練習。注意發聲時（吐氣），腹部要隆起；吸氣時，腹部要凹下。

來學習職場中的電話與電子郵件禮儀吧

剛出社會時，職場電話的應對禮儀，應該也是讓人感到困惑的事情之一吧。如果公司有教育訓練還好，要是沒有這個機會，很多人或許也就這麼糊里糊塗走來了。不過，只要用字遣詞稍微不同，別人對你的印象也會不一樣，對這些禮儀沒自信的人，請試著調整看看。

接電話的方式

請再次有所意識，當接起打來公司的電話時，你就是代表公司在講電話。如果你能以體貼的心對應來電者，公司整體的評價也會提升。

1、接電話

電話響三聲以內要接起；如果三聲以上才接，一開口就要先表示歉意：「不好意思讓您久等了」。此外，手邊要放著便條紙以便記錄。

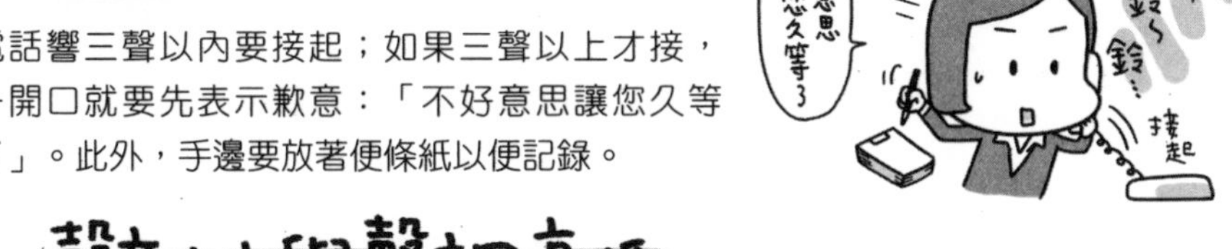

2、聲音大小與聲調高低

為了讓對方聽清楚，要用清晰的口吻，比平常稍微大聲一點說話。此外，電話裡的聲音會比平常再低沉一些，所以聲音要再高亢一點。

3、報上姓氏

說完公司制式的問候語，要報上自己的姓氏。如果公司沒有特別規定，一般的說法是「您好，我是○○公司的□□（姓氏）」。

4. 確認對方的姓名後問候對方

是〇〇(公司名)的△本先生啊。
謝謝您一直以來的照顧。

對方報上名字後，要說「是〇〇（公司名）的△△啊。謝謝您一直以來的照顧」以做確認。在日本，即使是第一次通電話的人，基於禮儀也還是要說「謝謝您的照顧」。

這時候怎麼辦？？

對方的聲音很小，聽不到

早一點跟對方說「不好意思，您的聲音有點不太清楚」，或是「不好意思，收訊好像不太好…」等。

對方沒有報上姓名

這時可以說「不好意思，請問您貴姓大名」或是「不好意思，能否請教您怎麼稱呼」。

5. 轉接電話前再確認

轉接電話前要再次確認：「您要找的是◎◎部的□□，我現在就為您轉接，請您稍等」。複述一遍轉接電話的對象，不只能減少錯誤，也能讓對方安心。

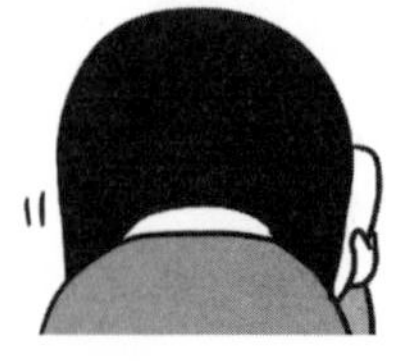

您要找的是◎◎部的□□，
我現在就為您轉接，請您稍等。

※不同狀況的對應方式，請看下一頁！

這種時候該怎麼辦？？

公司內沒有對方要找的人

這時候可以跟對方說：「真的很抱歉，敝社沒有這個人…」（故意套話的狀況也很多，要注意），如果公司內有姓氏相似的人，比如對方將山口說成山田時，可以說：「不好意思，敝社沒有姓山田的人，不過，業務部有姓山口的人，我幫您轉接好嗎？」

公司內有姓氏相同的人

若性別不同，可以問：「敝社有兩位姓山口的人，您要找的山口是男性或女性？」；或者可以直接說全名：「您要找的是山口花子，還是山口直子？」；或是以部門來問：「您要找的是業務部的山口，還是總務部的山口？」

要找的人已離職

這時候可以說：「△△已經在10月31日離職了。如果方便的話，我幫您轉接承接他工作的〇〇好嗎？」

轉接給上司

這時候姓氏後面不接職稱。

×「您要找的是〇〇部長，我馬上為您轉接…」。

〇「您要找的是部長〇〇，我馬上為您轉接…」。

（!）不過，如果來電者是上司的家人，還是要說「〇〇部長」。

名字的唸法錯誤

如果對方唸錯名字，不要直接指出錯誤，聰明的做法是在複述時，唸出正確的讀音：「您要找的是業務部的〇〇」。

6、轉接電話

轉接的對象在位子上

這時候可以說：「〇〇公司的□□先生／小姐來電」，如果想預先讓對方知道來電者的用意，可以說：「〇〇公司的□□先生／小姐來電，想問您●●那件事」。

轉接的對象不在位子上

* 電話響了一分鐘以上沒人接／在講其他電話／雖然人在公司，但可能去上洗手間等

「不好意思，△△現在不在位子上，待會請他回電給您好嗎？」

* 轉接的對象休假

「不好意思，△△今天休假，不知道我是否方便請教是什麼事？」

* 已經下班

「不好意思，△△今天已經下班了，不知道我是否方便請教是什麼事？」

✱外出中

「不好意思，△△現在正好外出，預計●點會回公司，您是稍後再打來，或是請他回電呢？」

對方表示會再打來

「那就麻煩您了，謝謝。」

對方希望接到回電

①「我知道了。為了保險起見，可以再告訴我一次您的電話號碼嗎？」
②複述對方的電話號碼、公司名稱及姓名：「02-xxxx-xxxx，〇〇公司的□□先生／小姐。」
③「那麼，等△△回公司，我就請他回電給□□先生／小姐。我姓〇，謝謝您的來電。」

對方希望留話

①「好，請說」
②複述對方的話
例1）對方：「我已經傳真報價單給他了，請他確認後回覆我。」
你：「好，謝謝您傳真報價單過來。」
例2）對方：「我想將明天的會議改到後天，能請您代為轉達嗎？」
你：「好，您希望將明天的會議改到後天。」
③「等△△回公司後，我會轉達他。我姓〇，謝謝您的來電。」

！對方猶豫時

對方猶豫不決時，你可以提議：「等△△回公司後，我再請他回電給您好嗎？」

打電話的方式

對方接到你的電話時，必須中斷正在進行的工作，所以會希望你盡可能在短時間內，清楚說明要說的事。如果你突然辭窮，對方因為看不到你的表情，會比你還困擾，因此，打電話之前要先想好可能的情境。

1、打電話的時間

上班前、午休、下班後，這幾個時間當然不能打，而剛開始上班的30分鐘，因為對方可能在忙昨天沒忙完的事等，最好也避免。

2、打電話前先想好情境

為了讓談話更順暢，要先想好對方各種回應下自己的說法。如果擔心，可先寫在紙上。

例）打電話的目的是「跟△△說，希望報價能再便宜一點」

→ △△小姐/先生不在時

先寫封e-mail告訴對方，自己之後再打電話。

→ 和△△通上電話

首先，先交涉報價金額。

→ 如果對方拒絕，再問一次看看；還是不行，就先停止。

→ 如果對方同意，請他在某一天之前提供新的報價單。

→ 如果對方還要和上司討論，就說「麻煩您了」，然後問他明天是否方便再聯絡。

3、電話接通，要先報上姓名

電話接通，要先說「您好，我是○○公司的□□」。即使你常跟這個公司聯絡，但因為接電話的可能是新人，所以一定要報上公司名和自己的名字。另外，也可視情況說：「百忙之中打擾您，不好意思」、「這麼晚還打擾您，不好意思」等。

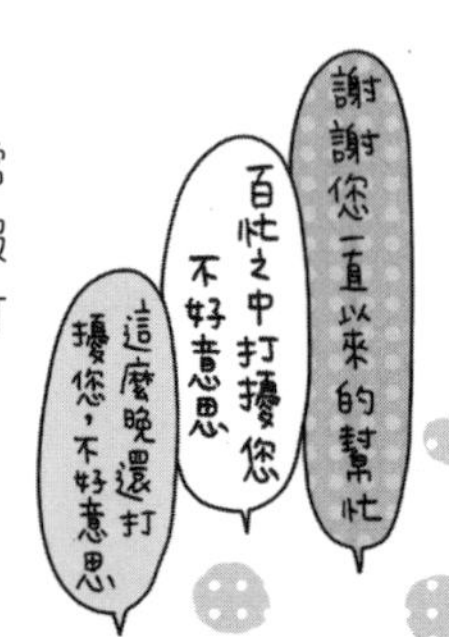

4. 希望對方代為轉接

這時候可以說：「請問◎◎部的△△在嗎？」如果能再加一句話說明來電目的更好，例如：「我想跟他討論我收到的報價單」「我想跟他說一下明天會議的事」。

對方不在

→自己之後再打

先確認對方的行程：「請問他大約何時回公司」「請問他什麼時候會來上班」，然後說明自己屆時會再來電：「那麼，等△△四點左右回公司後，我再打電話過來」「明天十點左右，我再打電話過來」。

→希望對方回電

這時候可以說：「等△△先生／小姐回來後，能請他跟我聯絡嗎？」並留下自己的電話號碼。最好簡單說明去電的目的，讓對方安心，例如：「請代為轉達，我想跟他確認收到的報價單」。

→希望留話

這時候可以說：「那麼，麻煩您留話給△△先生／小姐，我是〇〇公司的□□□」，並說明事項。最後說：「不好意思麻煩您了，再請您代為轉達」。

5. 說明事項

如果和要找的對象通上電話，要先顧慮對方的狀況：「您現在方便說一下電話嗎」「我方便跟您談個5分鐘嗎」。之後，再確實說明要說的事。如果對方表示不方便，可先問對方適合的時間，屆時再打來：「那我稍後再打，請問您什麼時候方便呢？」

6. 掛電話

談完事情後，先說「麻煩您了」「那麼，就先這樣」「謝謝您」，然後再輕輕掛上電話。一般來說，多是由打電話的一方先掛電話，但如果對方身分較高，要先等對方掛電話，自己再放下話筒比較好。

收件者的敬稱

現在這個時代，使用電子郵件交涉工作很理所當然。不過，你的習慣和不知不覺中使用的文字，或許違反了使用規則也說不定。正因為電子郵件是看不見對方表情的溝通方式，所以更要遵守規則，讓彼此溝通愉快。

收件者、副本、密件副本

很多人認為，電子郵件和書面信件、明信片不同，收件者一欄的姓名不加敬稱也沒關係。不過，如果身分比你高的人來信時，在你的名字後面加上敬稱，你回信時最好也這麼做。要注意的是，有些電子郵件軟體，即使在你鍵入郵件地址時可加敬稱，對方收到的信上卻不會顯現出來。所以，在新增聯絡人時，名字後要加上先生／小姐，在寄信時選擇收件者後，也要再加上先生／小姐的敬稱。

	主要的利用方法	郵件地址的顯示
收件者	①收信對象只有1人。 ②收信對象多人，且重要性相等。 ③收信對象多人，主要對象可列為「收件者」，其他人則列為「副本」「密件副本」的收件者。	「收件者」和「副本」收件者，能看到所有人的郵件地址。
副本	①收信對象多人，除了「收件者」外，若希望其他人也能參考信件內容，可將其列為「副本」收件者。	「收件者」和「副本」收件者，能看到所有人的郵件地址。
密件副本	①收信對象多人，其中包括不希望讓「收件者」和「副本」收件者知道的對象。 ②收信對象為不特定多數人的狀況，如寄發電子報或通知、說明等。	被列為「密件副本」的人，不知道還有誰是收信人，也看不到其他人的郵件地址。

● 純文字模式與HTML模式

純文字模式只能寄送文字資訊，HTML模式則可調整文字形式，加入聲音和圖片影像。一般來說，職場上的電子郵件都是純文字模式，如果是HTML形式，有可能被對方郵件軟體的擋火牆擋下，而無法寄達。一般郵件軟體的初始設定都是HTML形式，請先確認並修改。

♪♫ Y－ㄨㄝㄛ

● 主旨

收件者很可能光憑郵件主旨，就猜想大概的內容。此外，主旨中若加入自己的名字，信件比較不會被歸類為垃圾信，對方之後要找信也比較容易。

容易和垃圾信搞混的郵件主旨

「謝謝您的照顧」「感謝您」「辛苦您了」「麻煩您確認」「好久不見」。

具體的郵件主旨

「關於10日的會議（鳥居志帆）」「謝謝您的餐會招待」（鳥居志帆）」「送上第三章的資料（鳥居志帆）」。

回信時的Re：

回覆郵件時，可以在原本的主旨前加上「Re：」。而雖然就這麼直接回信也可以，但根據狀況，可修改一下主旨。

Ex1）對方寄來的信，主旨為「關於15日的採訪」。

回信時：「Re：關於15日的採訪（鳥居的回信）」。

Ex2）對方寄來的信，主旨為「跟您討論一下截稿日的變更（松永）」。

回信時：「Re：截稿日變更一事已了解（鳥居）」。

關於15日的採訪
From：松永
To　：鳥居

Re：關於15日的採訪（鳥居的回信）
From：鳥居
To　：松永

換行與段落

一段話最好在三十五個字以內，或是五行上下，加入空行的話更好讀。要注意「自動換行功能」的使用。雖然寫信時，可利用這個功能決定多少字要換行，但這只是自己郵件軟體內的功能，可能因為收件者使用的郵件軟體不同，或螢幕尺寸等的設定之故，使這個功能無法發揮作用，不是變成落落長的文字，就是在不該換行處換行。意外的是，很多人都不知道這件事，最好確認一下自己的郵件設定並做調整。

引用

回信時，如果能適當引用對方的信，內容會更清楚。比方說，如果是和時間安排有關的信，或者回覆對方的提案和問題時，最好是引用對方的信。另一方面，也有不少人回信時，會連對方的問候語和署名等無須引用的內容都留著。請記得只引用必要的部分即可，好讓信件看起來更清爽。

附加檔案

隨著時代進步，現在比較大的附加檔案也能順利寄送。不過，對方使用的網路環境也可能不方便收太大的檔案，如果擔心，最好先徵求對方同意。檔案太大時，也可利用免費的網路伺服器。此外，對方也可能因為應用程式或版本的關係，無法打開附加檔案，這點也要注意。

不可使用的文字與符號

如果是只限某個機種使用的文字，對方收信時可能只會看到亂碼，所以不要使用。

不可使用的文字

①②③等有外圈的數字／

Ⅰ Ⅱ Ⅲ 等羅馬數字／

其他像Tel、No.等的符號

婚喪喜慶的禮儀

說到婚喪喜慶的禮儀，很多人都這麼覺得：「隨著年齡增長，自然就能學會吧…」。不過，為了不在重要場合裡緊張、出狀況，事前要確實做好準備。

邁入25歲後，有愈來愈多機會受邀參加兄弟姊妹或朋友等的婚禮。雖然想由衷祝福新人，但在這種場合中卻手足無措……為了不讓這種情況發生，最好事先了解一些重點。

回覆邀請函

收到邀請函，要在二～三天內回覆，再怎麼遲，也要在一週內回覆。無法參加時，不必清楚寫出理由，只要寫「不方便」即可。

參加

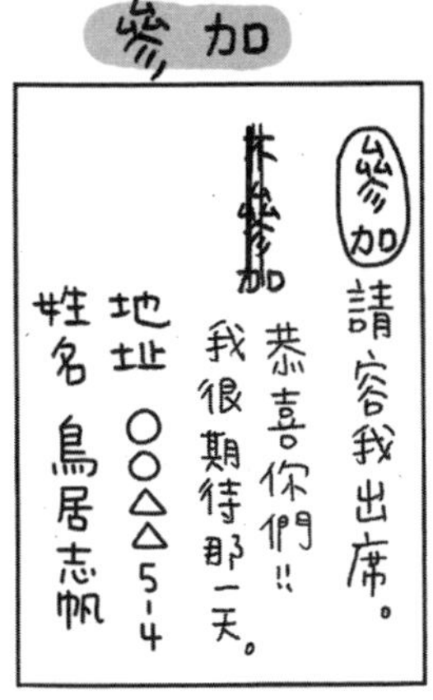

不參加

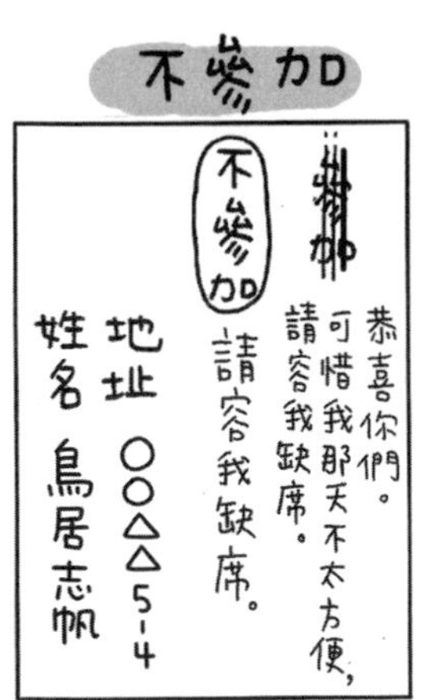

禮金檯

1.結婚典禮當天，在開始接待的10分鐘前到達。
2.跟接待的人行禮，並說：「恭喜你們」。
3.如果要送禮金，禮金袋上的文字要正面朝著接待人員的方向，兩手奉上並同時說：「這代表我的祝福，小小心意，敬請笑納」。
4.在簽到本上簽名。
※日本結婚禮金的一般行情，請看P.366

出席婚禮

1.確認名牌，在自己的位子就座；最好能和同桌者打招呼。
2.聆聽致辭時，整個身體要朝向致辭者。
3.用餐禮儀請參考P.319。台上有人致辭時也可繼續用餐，不過，拍手時一定要將叉子等置於餐桌上。
4.當新人的雙親或親戚來打招呼時，要簡單寒暄一下，例如：「今天真的很恭喜，謝謝你們的招待」「天氣這麼好，真是太好了」「我從學生時代開始，和〇〇的感情就很好」等。
5.如果要去化妝室，新娘換禮服時是最好的時機。和新人合照時，時間要短一點。

6.婚宴結束後，做好快速離席的準備。名牌、桌次表、菜單等可帶回家。

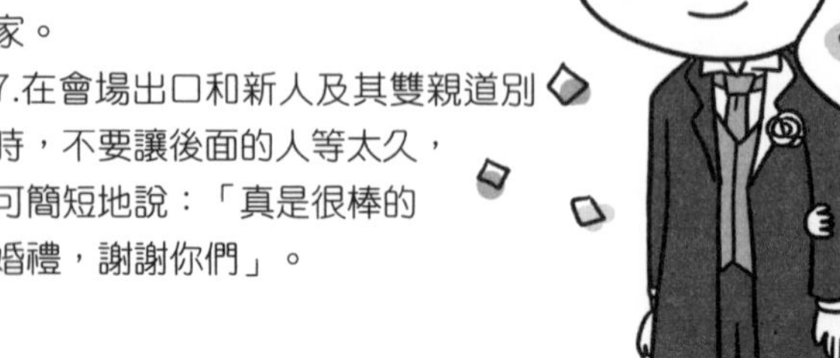

7.在會場出口和新人及其雙親道別時，不要讓後面的人等太久，可簡短地說：「真是很棒的婚禮，謝謝你們」。

守夜·葬禮·告別式的禮儀

知道親朋好友去世的消息後，雖然會日夜感到疑惑與悲傷，不過，這個時期，正是要以正確方式送走故人，讓他們能安心成佛的時期。由衷為故人祈福，正可說是活著的人能做的事吧。

守夜·葬禮·告別式的不同

「守靈」原本是一整夜守在故人身旁、安慰靈魂的儀式，但最近從晚上7點守夜到凌晨1～3點的「半守靈」愈來愈多。

「葬禮」是希望故人能順利成佛的儀式；「告別式」則是讓故人與生前結緣的人們最後道別的場合，一般多是在葬禮後直接舉行。如果和故人很親，守夜、葬禮（告別式）都要參加；如果不算太親，可以參加葬禮（告別式），但要是工作不方便，也可只參加守夜。

服裝

在原本的禮儀中，守夜時要穿樸素的一般服裝，但近年來，尤其是都會區，穿正式喪服守夜的人也變多了。工作中如果收到守夜的通知，直接穿著西裝等參加即可。葬禮則要穿著正式喪服。

奠儀的行情

（單位：台幣）

其他親屬	3100
同公司的人	1100、1300、1500
街坊鄰居	500、700、900
伯／叔父、伯／叔母	3100
朋友及其家人	2100
客戶	1700、2100

白包禁忌為雙數，尤其不能有4、8。
資料來源：網友葬禮小助理Crsie提供。

奠儀袋

因宗派不同，有不一樣的形式。如果事前不知道故人的宗派，就使用沒有蓮花模樣的「御靈前」。

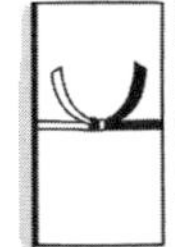
御靈前
適用於所有宗派。守夜、告別式～四十九日都可用

御佛前
佛教。四十九日以後使用

御香料
佛教，可用於所有弔唁之事

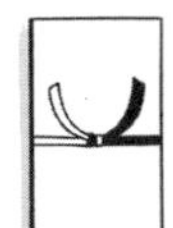
玉串料
神道教

御花料
基督教

●來到接待處

1.對接待的人行禮並問候對方：「請節哀順變」「由衷表示我的哀悼之意」。
2.將奠儀袋正面的文字朝向接待者，雙手交給對方說：「請供於靈前」。
3.在簽到簿上簽名。

※守夜和葬禮（告別式）都參加時，奠儀多是在守夜時交給喪家，不過如果是臨時被告知而來守夜，則不在此限。守夜時如果已經給了奠儀，葬禮時只簽名也沒關係。

●瞻仰儀容

1.在故人遺體的二、三步之前停下，一鞠躬（如果是在榻榻米上，則是在遺體前方跪坐。
2.靠近故人，合掌。
3.接過家屬遞來的白布，合掌，為故人祈求冥福。
4.向家屬道謝。
5.身體一樣朝向前方，往後退二、三步，向家屬一鞠躬。

●上香

1.向家屬和僧侶一鞠躬，走向祭壇。
2.在上香台二、三步之前暫停，對遺照一鞠躬。
3.走到上香台前，合掌。
4.以右手拇指、食指、中指，從右側的香爐拈起香，舉起和眼睛同高。
5.輕輕放下右手，讓香落在左側的香爐（依據宗派不同，做一～三次）。
6.合掌，一邊看向遺照，往後退一～三步，向家屬和僧侶一鞠躬。

●念珠拿法

合掌時，念珠要掛在拇指和食指間，穗的部分往下垂。坐下時，要掛在手腕上；站立時，以左手拿著，讓穗下垂。

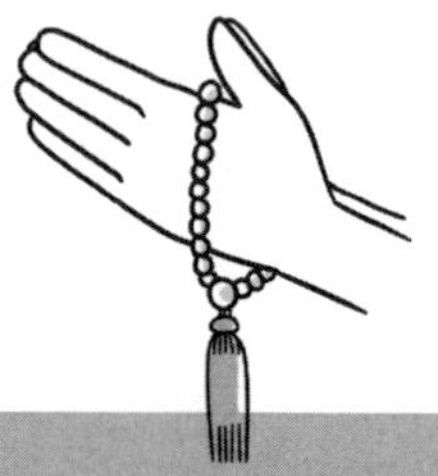

送禮的禮儀
打擾了
那是在慶祝
朋友搬家的
派對上發生的事
參加的人
都各自帶來
他們準備的禮物…
整理得
好漂亮!!
請自己來

有個朋友送了瓶酒
酒瓶還用風呂敷包起來
另外，她還帶了盆
可愛的盆花
這是慶
祝妳搬家
的禮物♥
閃亮
閃亮
閃亮

謝謝—好漂亮!!
看到後
我突然對自己
送的禮物
感到很丟臉…

我一邊向朋友道歉，
一邊將
自己帶的禮物
交給朋友…
抱歉!!
我一輩子就求妳這麼一次～
這個
等大家都走了
後，妳再偷
偷打開!!
咦!?
妳到底
送了什麼?

…呃
怎麼樣?
有人用風呂敷
包酒瓶耶!
真是時髦到
好可怕!
說到
風呂敷
就是這個啦!!
那真的是
很時髦。

沒錯，禮物啊確實是～
送禮者個人品味的表現呢。

如果一個人平常讓人覺得「這個人好無趣！」但卻送了很有品味的禮物…
不能只看外表
妳送得很不錯嘛!!
別人對他的看法也會馬上改變。
喂喂喂…
松永小姐…妳那反應很失禮耶。

相反來說也是一樣！
妳是想說我完全沒品味吧!?
指

我是不至於說得那麼過分啦──
但大概是那樣的意思。
可…

可是松永小姐在我生日時還不是送了「鬼○郎拉麵組合」！
T恤

啊？妳那天不是收得很高興。
我是配合鳥居小姐的品味送的
那天真的是很謝謝妳。
啊，對…

真是的！
鳥居小姐
妳快去跟
船田小姐
學習
打動人心的
送禮禮儀吧！
起身
我會去做⋯

不久後

妳想學習
送禮的禮儀啊。
⋯是。

松永小姐說得有道理喔。
因為，送禮的根本
也是「為對方著想的心」。
竊笑
松永小姐因為
知道鳥居小姐喜歡妖怪，
所以，希望「讓鳥居小姐開心」
而選了那些禮物送妳。

同樣的妖怪商品
如果鳥居小姐
拿來送給不是特別喜歡妖怪的朋友
那其中的意義完全不同喔
這個好⋯
科科科

確實
是這樣耶⋯
選禮物時，
不是自己覺得喜歡的
對方也就會喜歡。
而是要知道對方喜歡什麼，
所以選擇什麼禮物。
他一定會喜歡，
這是重點喔。

用風呂敷包酒瓶
當成禮物的那個人，
也是知道對方喜歡酒，
然後又在禮物外觀下了點
工夫，這種用心很棒呢，
是個送禮
高手！
那麼
我們就來學習
送禮的禮儀，
在送禮時傳達出
「這是我想著你而挑選」
的心情。

送禮的禮儀

如果在結婚、生小孩、入學等值得恭賀的時刻，送上表達心意的禮物，對方和你都會很開心！

祝賀結婚

結婚是新生活的開始，可以送的禮物選項很多，像是必要的生活用品、為生活增添色彩的家飾等。不過，如果和別人的禮物重複，收禮者也會覺得困擾。因此，想送家電或廚房用品時，可以事先問過對方。

贈送時機

婚禮1星期前送到。不過，如果沒有受邀參加婚宴，送禮也可能讓對方掛心，所以最好在婚禮後送。至於禮金，本來的禮儀是當面交給新人，但近來的慣例是在婚禮當天交給禮金檯。

受歡迎的禮物

家電（空氣清淨機、麵包機、電烤盤、食物調理機等）、廚房用品（鍋類、刀叉等）、毛巾、雙人睡衣、觀葉植物、酒類、現金、禮券、郵購禮物。

禁忌的禮物

菜刀、刀子、剪刀、餐盤類。

※因為有「切斷」「破掉」等不吉利的意涵，所以向來不送，但近年來很多人都已不在意。如果跟對方確認後沒問題，也可送。

結婚禮金的行情

（單位：台幣）

	參加婚禮	不參加婚禮
上司	2600 以上（若 2 人到為 6600 以上）	1600 以上
同事	2600 以上（若 2 人到為 6600 以上）	1600 以上
下屬	2600 以上（若 2 人到為 6600 以上）	1600 以上
兄弟姊妹	3000 以上（若 2 人到為 6600 以上）	2000 以上
姪、甥	2600 以上（若 2 人到為 6000 以上）	1600 以上

	參加婚禮	不參加婚禮
表親、堂親	2600 以上（若 2 人到為 6000 以上）	1600 以上
其他親戚	2200 以上（若 2 人到為 3600 以上）	1200 以上
朋友、熟人	3000 以上（若 2 人到為 6000 以上）	2000 以上
街訪鄰居	2200 以上（若 2 人到為 3600 以上）	1200 以上

以台北市四星級飯店為例。 資料來源：百麗網・網友瑞銅提供。

禮金袋

禮金袋上使用的是打成「單結」的紙繩，表示希望結婚「一次就好」。禮金袋的華麗程度則和禮金金額成正比。

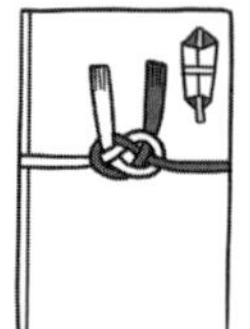

生產的祝賀

以心意滿滿的禮物，來慶祝新生命的誕生吧。和結婚禮物一樣，如果想送對方可能有所忌諱而感到困擾的禮物，事前要跟對方說自己送該份禮物的理由。此外，因為多數人都會送嬰兒用品，所以送媽媽自己可用的禮物也不錯。

贈送時機

除了近親外，要在母子出院後一個月內贈送。不過，出院後馬上用得到的東西（嬰兒床、內衣）可事先送。由於很多媽媽出院後會先回娘家，送禮前先確認送件地點比較安心。

受歡迎的禮物

衣服（內衣、平常穿的衣服、浴袍、襪子等）、鞋子、嬰兒袍、副食品用品（盤子、餐具、圍兜等）、繪本、玩具、媽媽包、揹巾、現金、禮券、郵購禮物。

※因為嬰兒長得很快，送衣服時要注意尺寸。

要注意的禮物

對全母乳媽媽來說，收到奶瓶和奶粉可能會困擾。此外，雖然很多媽媽喜歡收到實用的尿布和濕巾，但對使用布尿布的媽媽來說就沒用處，所以要注意。

祝賀生產的禮金行情和禮金袋

一般來說，對方如果是朋友或同事，大約包1500～3500元，親戚則是3500～15000元。因為生產是無論幾次都值得恭喜的事，所以禮金袋上的紙繩，使用的是可解開的「蝴蝶結」。

祝賀長壽

一般多是家人或親戚共同出錢，購買一定金額的禮物。只要禮物能充分表達出「希望您永遠健康」的心情，就是最好的禮物。

贈送時機

舉行祝壽會的當天、生日、年初或敬老節。

賀壽（祝賀長壽的禮物）

賀壽的名稱	年齡	禮物
還曆	61 歲	紅色坎肩
古稀	70 歲	紫色坐墊
喜壽	77 歲	-
傘壽	80 歲	-
米壽	88 歲	-
卒壽	90 歲	-
白壽	99 歲	-

受歡迎的禮物

衣服、酒、錶、按摩器、坐墊、現金、禮券、郵購禮物、家族一起去吃飯或旅行。

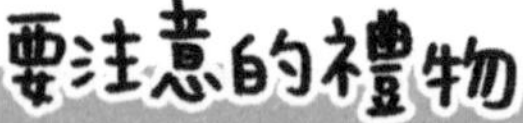

要注意的禮物

像老花眼鏡和血壓計等會讓人聯想到老的東西，只有在本人希望收到時才送。此外，鞋子和襪子是「用來踩踏」的，所以送長者時也要留意。

※雖然一般日本人都覺得「還曆」要送「紅色坎肩」，「古稀」要送「紫色坐墊」，不過近年來許多人都改送較實用的禮物。

祝賀長壽的禮金行情和禮金袋

長者的孩子大概是包6000～15000元，親戚則約3500元。
禮金袋上的紙繩則使用紅白色的「蝴蝶結」。

祝賀入學

多半只有近親，會因為小朋友要上幼稚園或小學而送上祝賀。所以，如果送禮的對象是朋友的小孩，注意金額不要造成小孩父母的壓力。

贈送時機

在入學一個月前送達。

受歡迎的禮物

文具、鞋子、錶、錢包、定期車票、字典、自行車、書包、圖書禮券、禮券。

要注意的禮物

因為這時候的孩子已經有了個人喜好，所以要送他一些常用品時，最好跟孩子的父母討論過。此外，要送學習用品時，要確認學校有無相關規定。

祝賀入學的禮金行情和禮金袋

親戚是1500～3500元，熟人是1000～1500元。禮金袋的紙繩使用的是紅白色的「蝴蝶結」。

祝賀新居

邁入25歲後，身邊的親朋好友也開始有人會買房子。買房子是非常重要的購物，讓人很想用很棒的禮物來祝賀呢！

贈送時機

新居落成後一個月內贈送，或是在參觀新家時當天帶去。

受歡迎的禮物

觀葉植物、畫、毛巾、郵購禮物、現金、禮券。

要注意的禮物

讓人聯想到火的「暖爐」「打火機」「紅色的東西」等。

祝賀新居的禮金行情和禮金袋

朋友和同事是1500～3500元，近親則是約3500～15000元。禮金袋的紙繩使用紅白色的「蝴蝶結」。

花是任何場合都很討喜的禮物，
送的時候，要符合對方的形象！

贈花的種類

將連枝帶莖剪下的一些花集合起來，也可分散開來依喜好裝飾。

盆栽

因為還留著根種在土裡，所以美麗的狀態能維持很久。

將花朵漂亮地插在花器或籃子裡。不需要花瓶，可直接裝飾，這點很方便。

保鮮花

能長久保存連枝帶莖的盛開花朵；不需要澆水。

選擇花的方式

如果事先知道對方喜歡的花，就直接送那種花。對選花沒自信或沒時間的人，可以告訴花店自己的想法和預算，請他們代為處理。如果自己要選花，可注意以下重點：

＊要混一些開五～八成的花

如果全是含苞待放的花，看起來很冷清；如果全是盛開的花，又無法放太久。

＊花朵要確實連著莖，且莖要粗一點

不能光是只有花朵沒有莖，莖也不可折斷，要仔細確認。

＊注意花粉較多的花

尤其是百合、香水百合的花粉較大，沾在衣服上較難清掉，要注意。

不同場合的送花方式

雖然同樣是送花，但除了可在表示祝賀時用，也可用於表達慰問、慰勞之意。要注意不同場合中忌諱的花種和顏色。

拜訪時

對方家裡可能沒有花瓶，所以可送盆栽和盆花。不過，盆栽要選擇不占空間的小型盆栽。此外，有人會覺得照顧盆栽很麻煩，要清楚知道對方的個性才送。

祝賀結婚、生子等

送對方喜歡的花最好，如果不知道，選擇暖色系的花（橙色或粉紅等）比起冷色系（藍色及相近色）更安全。此外，往上開的花比往下開的好。

祝賀新居落成、喬遷之喜

剛搬家時可能一團忙亂，所以建議送盆栽、盆花、保鮮花。送大型盆栽（觀葉植物）雖然也很好，但事先一定要問過對方的意願。此外，要避免送會讓人聯想到火災的紅花。

祝賀個展、公演

贈送可裝飾在會場的盆花時，要注意大小；狹窄的會場不適合送大型盆花。此外，如果是書法展或日本畫展，送太過鮮豔的花，由於氣氛不太搭，也會讓對方困擾。

探病

剛住院及手術前後，不要送花。在種類部分，盆栽因為「有根」，會讓人聯想到「一直躺著」，所以不能送，最好是送不需要照顧的保鮮花。送花束時，要避免送4、9、13朵，可體貼地連花瓶一起送。

不可送的花

注意花粉!!

菊花…有葬禮的印象

茶花…會整朵掉落

仙客來…會聯想到死、苦

百合…香味濃，花粉多

鮮紅色的花…血壓可能上升

了解花語，選花時更有樂趣。送花時加上一句「這種花的花語是○○，我覺得很適合你」，對方會更開心。相反的，請注意不要因為花的顏色和香氣先入為主，選擇了花語不適合對方的花。

種類	花語	種類	花語
紫陽花	變心、花心	鬱金香（白）	長久等待
白頭翁	虛幻的戀情、期待	鬱金香（紅）	愛的告白
康乃馨（粉紅）	熱愛	鬱金香（粉紅）	真實的愛
康乃馨（紅）	純粹的愛情	玫瑰（紅）	請擁有我！
非洲菊	神祕	玫瑰（粉紅）	燦爛的
滿天星	潔淨的心	玫瑰（白）	我適合你
馬蹄蓮	精采之美	玫瑰（黃）	嫉妒
波斯菊（紅）	少女的真心	向日葵	憧憬、熱愛
波斯菊（白）	少女的純血	九重葛（粉紅）	充滿魅力
蝴蝶蘭	幸福到來	虞美人	忍耐、安慰
仙客來	內向、易顧慮	瑪格麗特	誠實、貞節
香豌豆花	隱約的喜悅	萬壽菊（黃）	健康
天竺葵	真正的友情、安慰	百合	威嚴、無瑕
大理花（黃）	華麗	紫丁香（白）	年輕、無邪
大理花（紅）	變心	紫丁香（紫）	初戀
鬱金香（黃）	不會有結果的戀情	薰衣草	等待著你

1～12月，每個月分都有其誕生月的花。如果誕生月的花符合對方形象，也可以送該種花。（也有365日每天的誕生日花，有興趣的人可以查查自己的誕生日花）。

誕生月	誕生花	誕生月	誕生花
1月	蘭花、水仙	7月	洋桔梗、百合
2月	梅花、小蒼蘭	8月	火鶴花、向日葵
3月	鬱金香、勿忘我	9月	大理花、龍膽花
4月	櫻花、忘憂草	10月	非洲菊、波斯菊
5月	康乃馨、鈴蘭	11月	菊花、寒丁子
6月	劍蘭、玫瑰	12月	嘉德麗雅蘭、仙客來

包裝的基本方式

熟練包裝方法後，就可以用喜歡的包裝紙和緞帶包裝禮物送人。

使用紙袋①

什麼形狀的禮物都OK！／適合初級者

① 將禮物放入紙袋中，袋口往下對摺。

② 用膠帶（貼紙）固定，以打孔器等在紙袋左右打兩個洞。

③ 紙袋反過來，貼膠帶的一面為反面。以緞帶穿過洞，繫一個蝴蝶結。

使用紙袋②

什麼形狀的禮物都OK！／適合初級者

① 將禮物放入紙袋，紙袋多出來的部分，以1～2公分的寬度像摺扇子般摺好。

② 在紙袋正中央綁上緞帶，繫一個蝴蝶結。摺好的部分攤開成扇形，並調整形狀。

糖果包法 圓筒狀禮物／適合初級者

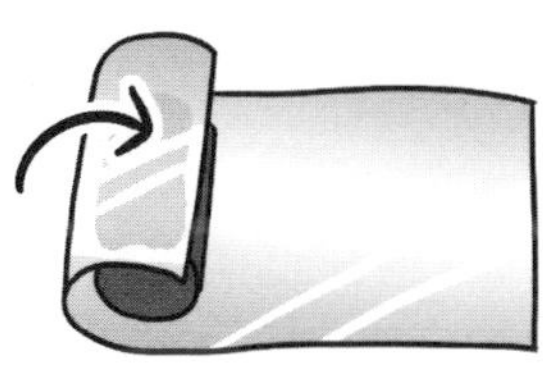

① 用不織布或玻璃紙等包住圓筒狀

② 兩端以緞帶各綁一個蝴蝶結

牛奶糖包法 盒狀禮物／適合初級者

① 包裝紙裁成符合盒子的大小——長度約是盒子的一圈長，再加1、2公分；高度是箱子高度的3/2左右。

② 盒子放在中間，包裝紙從左右兩邊往中間摺，疊在一起。

③ 左右兩邊的角角往內摺，上下重疊後，以貼紙固定。另一邊也一樣。

斜包法 盒子／適合中級者

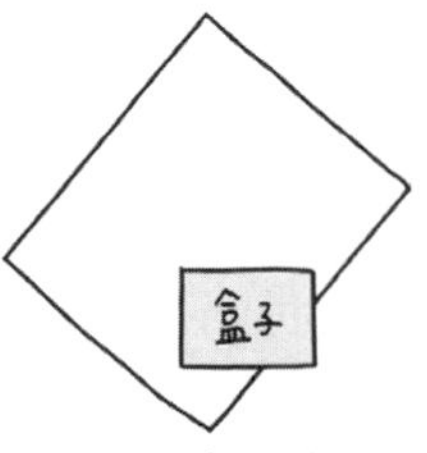

①如同圖示，盒子的三個角放在包裝紙上（盒子正面朝上）。

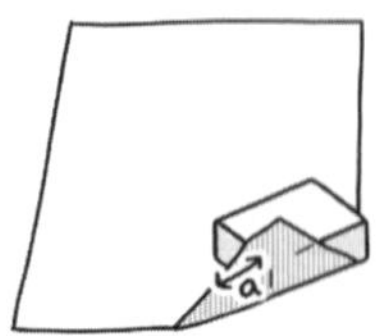

② 包裝紙前面的部分順著盒子蓋上去。注意盒子左邊的角不要露出來，a段部分要有3公分長。

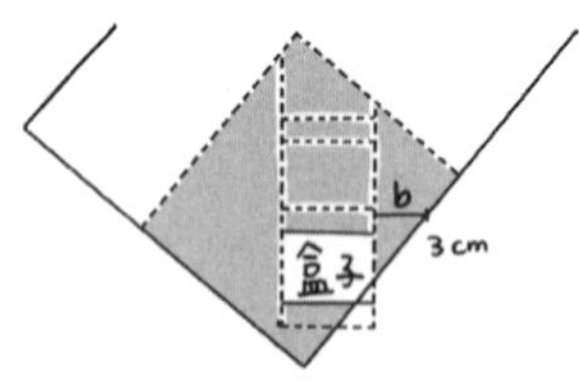

③ 包裝紙後面的部分往內摺，在盒子四個角都蓋住的前提下，b段部分留3公分，然後剪掉包裝紙。

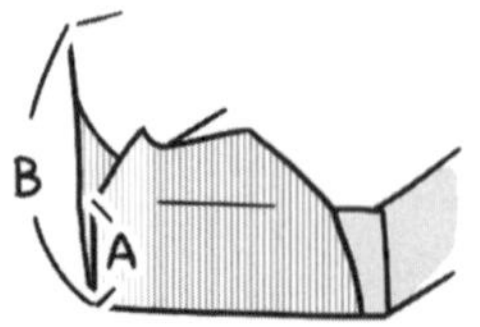

④ 將包裝紙往內摺，同時讓A、B兩條線疊在一起。

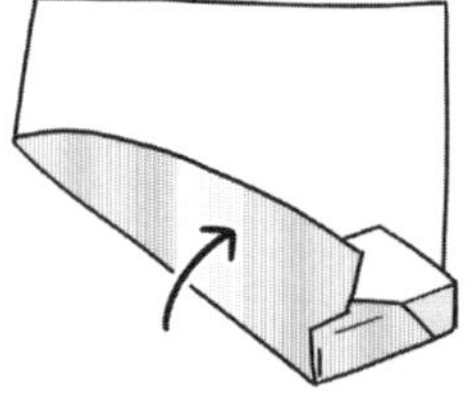

⑤包裝紙順著盒子的形狀包覆住盒子。

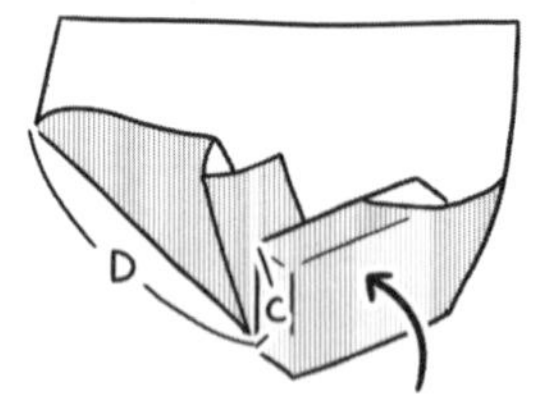

⑥ 立起盒子，再次將包裝紙往內摺，讓C、D兩條線疊在一起。

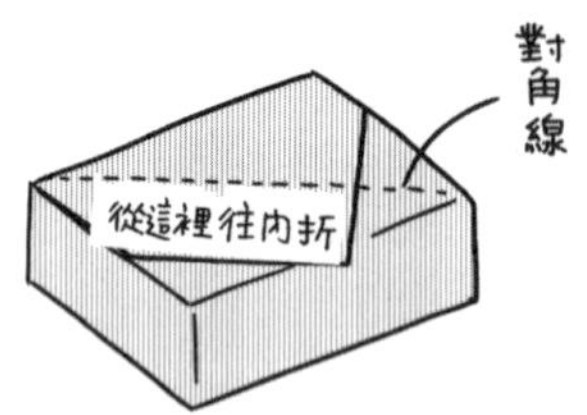

⑦ 剩下的兩個角也按照同樣的步驟包好，沿著盒子的對角線，將包裝紙往內摺，以貼紙固定。

⑧

瓶子的包裝 瓶子/適合高級者

①包裝紙裁成適合瓶子的大小。

縱＝瓶子高度＋瓶底直徑＋2公分
橫＝瓶底直徑*3.14＋3公分

②如圖示，將瓶子放好

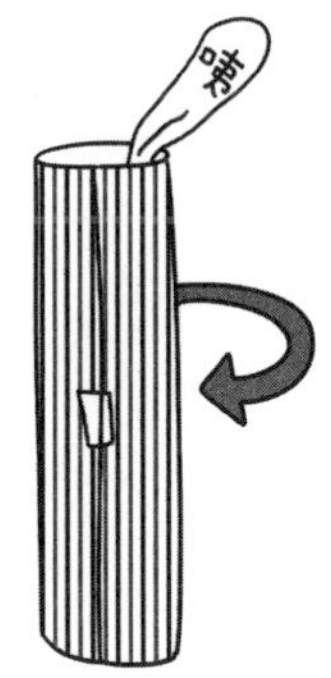

③包裝紙兩邊往內包，以貼紙固定。

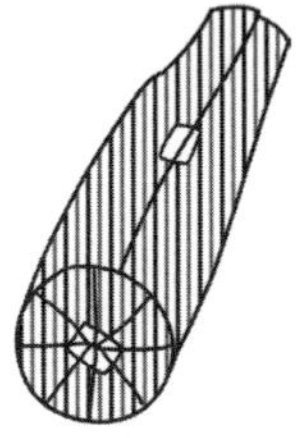

④瓶底的包裝紙，朝著瓶底中央等距摺出數摺，以貼紙固定。

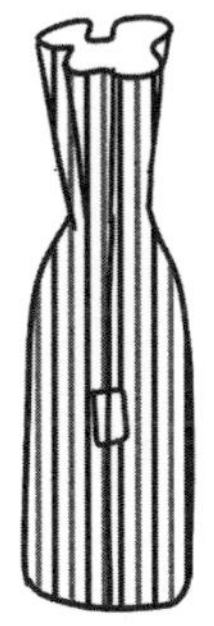

⑤用手固定住還沒封起來的一端，將包裝紙順著瓶子形狀塑形，以貼紙固定。

⑥將貼著貼紙的那一面移到反面。瓶口束起，以緞帶綁一個蝴蝶結。

緞帶的綁法

・斜綁

① 同圖示，將緞帶繞過盒子的角。

② 在正面右上方（左上方）綁一個蝴蝶結。

③ 整理好緞帶即完成。

・十字綁法

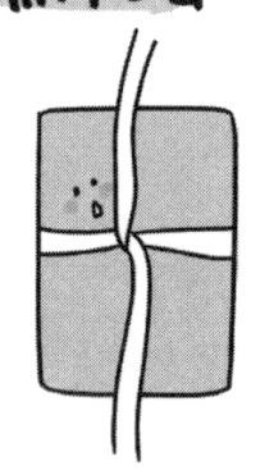

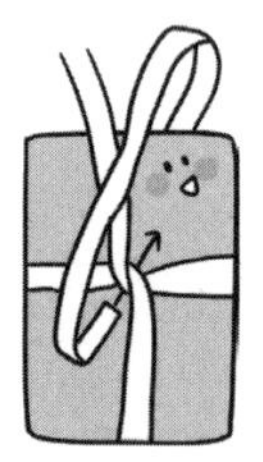

① 緞帶留下綁一個蝴蝶結需要的長度，其餘部分在盒子上繞出一個十字。

② 長的那一邊的緞帶往後繞，再穿過十字的中心點。

③ 綁好蝴蝶結，整理好緞帶就完成了。

・也可直接利用於手提帶

① 如圖示，將緞帶斜繞於手提袋上。

② 緞帶繞袋子一圈。

③ 在緞帶交會處綁個蝴蝶結。

風呂敷的包法

在日本，送伴手禮或禮物時，要表示「將我的心意包起來」，以風呂敷包裹是比較正式的禮儀。

【顏色的涵義】

紫 全能的。慶賀的喜事或祭祀法會等都可使用。

藍 平常使用。靚藍色則是適合祭祀法會。

紅 適合喜事。

綠 喜事或祭祀法會都可使用，但較適合後者。

・平包（用於祝賀之事）

① 將盒子置於風呂敷中央，讓禮箋上方朝左。

② 風呂敷下方的部分往上蓋住盒子，邊角和盒子間的皺摺收好。

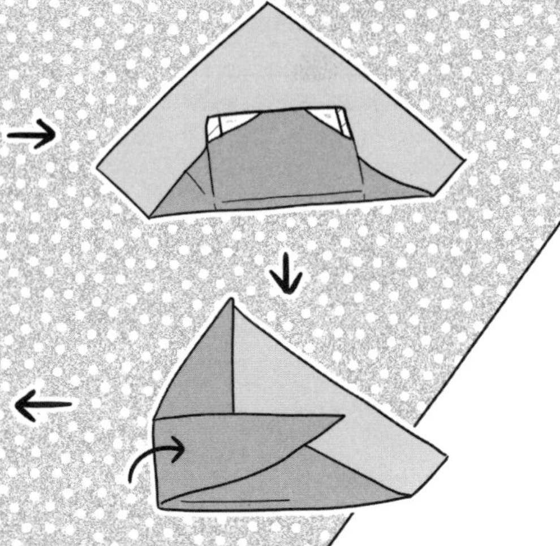

③ 風呂敷以「從左到右」的順序，包住盒子
※多出來的布，配合盒子的尺寸往內摺收好。

④ 風呂敷上方的布也蓋住盒子。

・平包（用於參加祭祀法會）

①將盒子置於風呂敷中央，禮箋上方朝右。

②風呂敷下方的部分往上蓋住盒子，邊角和盒子間的皺摺收好。

④風呂敷上方的布也蓋住盒子。

③風呂敷以「從右到左」的順序，包住盒子。
※多出來的布，配合盒子的尺寸往內摺收好。

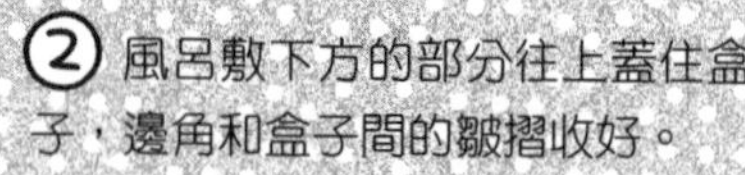

・一般包法（平常使用）

①盒子放在風呂敷中央。

②風呂敷下方的部分往上蓋住盒子，邊角和盒子間的皺摺收好。

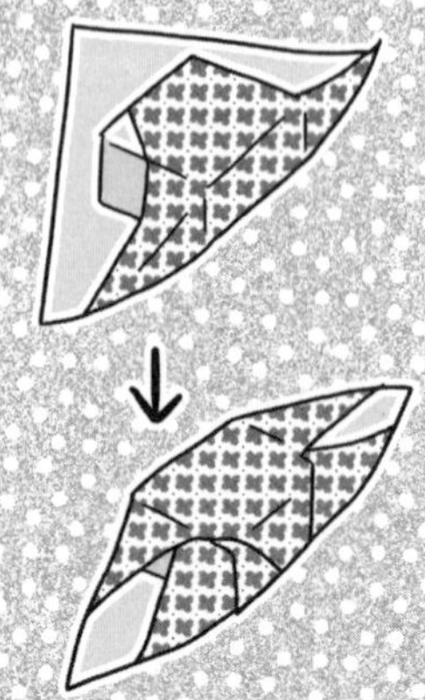

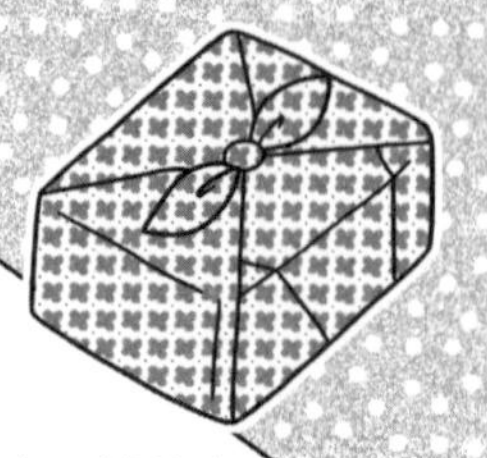

④左右兩邊的布在盒子中間打個「真結」。
※真結…左（右）邊的布在前面打一個結，然後，反方向的右（左）邊的布也打一個結。

③風呂敷上方的部分同樣也蓋住盒子。

瓶子包法

（酒瓶等）

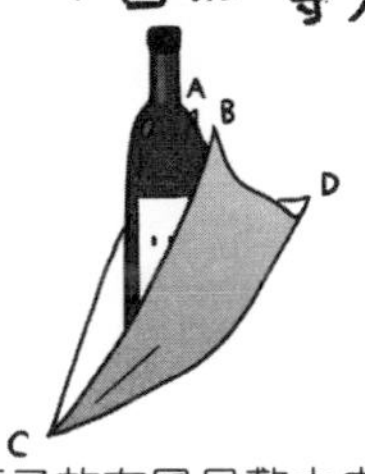

① 將瓶子放在風呂敷中央，A和B角拉起，在酒瓶上方打一個真結。

② C和D交叉，繞瓶子一圈。

③ 在瓶子正面打一個真結。

④ 將A和B剩餘的部分再打一個真結，做出提把。

長形包法

（瘦長形的盒子等）

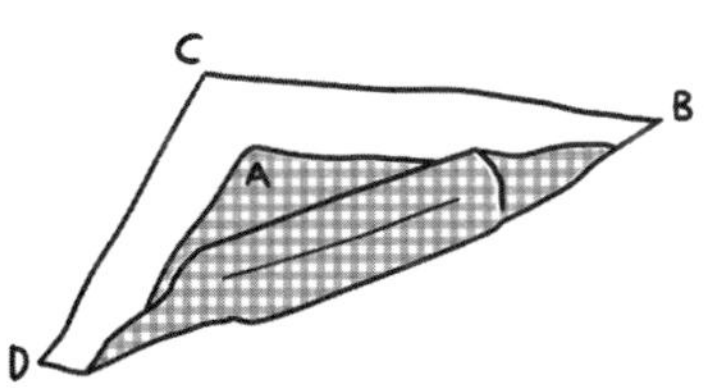

① 盒子放在風呂敷中央，A角往上折，留個幾公分，不要和C角重疊，然後再往C角的方向緊緊捲好。

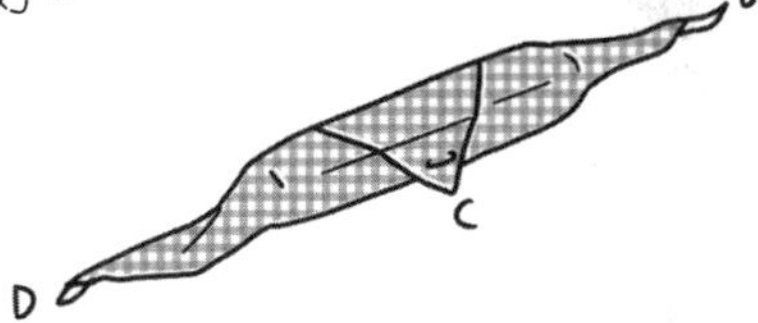

② 先用安全別針固定C角。

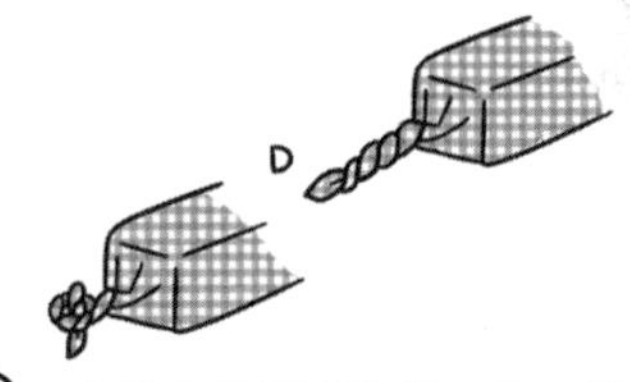

③ D角的布揉捏成條狀，打一個結。

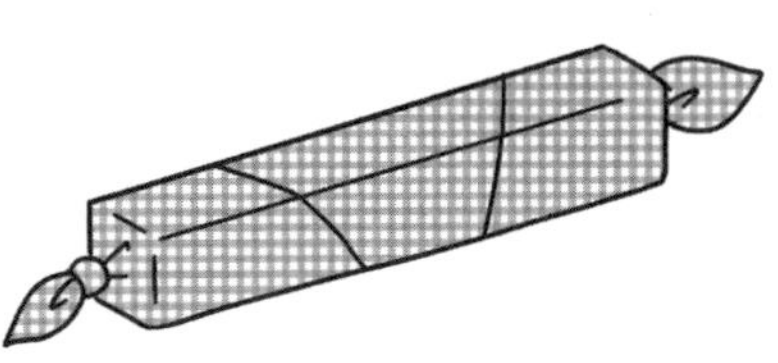

④ B角也同樣打一個結，然後整理好布，再拿掉別針。

後記

從我自己或別人眼中看來，我都是個活得很自我的人。所以，即使聽身邊一些年紀相仿的人說「我們快要30歲了耶」，或是「本來以為到了這年紀就會的事，卻還是不會，好焦慮」，我也還是悠哉地覺得「就是這樣啊～」。

我的編輯松永小姐以前跟我也很像，所以我們在開始進行這個企劃時，好幾次都很擔心，「我們兩個什麼知識也沒有，要做這樣的書會不會很勉強……」不過，就結果來說，正是因為我們的角度，和那些對邁向30歲感到不安的讀者一樣，才能完成這本書。

在本書開始前、完成後，我自己對年紀增長的意識雖然有所改變，但當然無法一一實踐書裡提到的所有內容。疲倦時，頭髮還沒乾就睡覺；如果在自家附近，就穿得很隨便晃來晃去；發現東西掉了，就雙腳開開地蹲下來撿。

因為，如果太嚴格執行，也就不像我了……雖然我不想變成只是個歐巴桑，但也不想忘記「做自己」呢！（只是藉口？）

所以，諸位讀者也可以用自己的步調，實踐那些妳覺得「自己好像能做到」的部分。

最後，我要謝謝協助我採訪的各位老師、助手本間、HISAZI、芋，這次也確實支持我、讓我安心工作的編輯松永小姐，謝謝你們！總是幫助我，讓我工作起來更容易的家人，謝謝你們！

最後，諸位讀者，真的很謝謝你們！

二〇一一年十二月十二日

以成為出色大人為目標、慢慢精進中的　鳥居志帆

資訊提供・指導（依章節排序／省略敬稱）

關於金錢：
理財顧問（CFR®認證）辻聰子
台灣資料審定 林瑛逸（三一國際會計師事務所會計師）

關於打扮：
一般社團法人日本服裝造型師協會理事長　相澤步美／
色彩・服裝造型家　都外川八惠
http://www.stylist-kyokai.jp/

關於美容／皮膚：
野村皮膚科醫院院長　野村有子
http://www005.upp.so-net.ne.jp/windy/

關於美容／頭髮：
Bivo店長　泉脇崇
http://bivohair.jp.bivo/

關於美容／維持身材：
MEGALOS運動中心普拉希斯立川分店經理　小川勝紀
http://www.megalos.co.jp/plusia/

關於健康／骨盆：
美容和健康的專門機構　磯部整體V中心院長　磯部昭弘
http://www.kotuban.net

關於健康／婦科疾病：
目白診所院長　平田雅子
http://www.watashino.jp/

關於健康／中醫：
津村股份公司http://www.tsumura.co.jp/
綱島診所院長 石田由美
http://tsunashimaclinic.or.jp/

關於健康／牙齒：
惠比壽抗老牙科院長　小川朗子
http://www.a-a-d-c.com/

關於禮儀：
卡斯頓禮儀沙龍負責人　船田三和子
http://www.protocol-manner.com/

TITAN 100

就這樣變成30歲好嗎？

鳥居志帆◎著　李靜宜◎譯

出版者：大田出版有限公司
台北市104中山北路二段26巷2號2樓
E-mail：titan3@ms22.hinet.net
http：//www.titan3.com.tw
編輯部專線（02）25621383
傳真（02）25818761
【如果您對本書或本出版公司有任何意見，歡迎來電】

總編輯：莊培園
副總編輯：蔡鳳儀
行銷企劃：張家綺・高欣妤
校對：黃薇霓・李靜宜
初版：2014年（民103）五月三十日
定價：新台幣 360 元

國際書碼：ISBN：978-986-179-330-6　CIP：420 / 103002503

KONOMAMA 30SAI NI NATTEMO IIDESUKA?

Original Japanese edition published 2012 by SANCTUARY Publishing Inc.
Complex Chinese Character translation rights arranged with SANCTUARY Publishing Inc.
through Owls Agency Inc., Tokyo.